16	3	2	13
5	10	11	8
9	6	7	12
4	15	14	1

José Eli da Veiga

O ANTROPOCENO E O PENSAMENTO ECONÔMICO

editora 34

EDITORA 34

Editora 34 Ltda.
Rua Hungria, 592 Jardim Europa CEP 01455-000
São Paulo - SP Brasil Tel/Fax (11) 3811-6777 www.editora34.com.br

Copyright © Editora 34 Ltda., 2025
O *Antropoceno e o pensamento econômico* © José Eli da Veiga, 2025

A FOTOCÓPIA DE QUALQUER FOLHA DESTE LIVRO É ILEGAL E CONFIGURA UMA
APROPRIAÇÃO INDEVIDA DOS DIREITOS INTELECTUAIS E PATRIMONIAIS DO AUTOR.

Capa, projeto gráfico e editoração eletrônica:
Franciosi & Malta Produção Gráfica

Revisão:
Beatriz de Freitas Moreira

1ª Edição - 2025

CIP - Brasil. Catalogação-na-Fonte
(Sindicato Nacional dos Editores de Livros, RJ, Brasil)

Veiga, José Eli da, 1948
V724a   O Antropoceno e o pensamento econômico / José Eli da Veiga. — São Paulo: Editora 34, 2025 (1ª Edição).
224 p.

ISBN 978-65-5525-226-2

1. Desenvolvimento sustentável. 2. Ecologia. 3. Economia ambiental. 4. Governança global. 5. História da ciência. 6. Filosofia da ciência. I. Título.

CDD - 333.7

O ANTROPOCENO
E O PENSAMENTO ECONÔMICO

Cronologia 9

Prólogo: Crise existencial 11
1. Discórdias 25
2. Cizânia 63
3. Dádiva 89
4. Crescimento 125
5. Desenvolvimento 153
   Epílogo: Desacoplar 191

Referências bibliográficas 199
Agradecimentos 207
Sobre o autor 208
Índice remissivo 209

À Iara e ao Zé Vicente

CRONOLOGIA

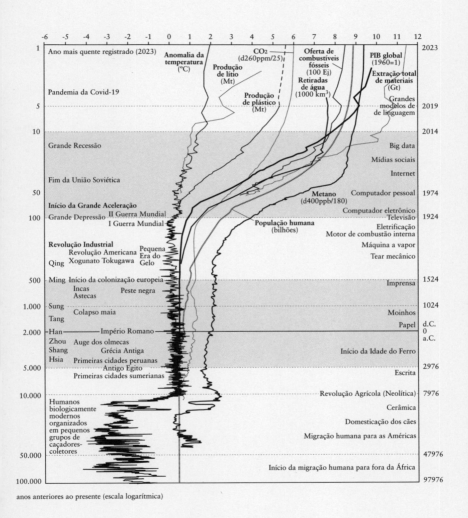

A "Grande Aceleração" após a Segunda Guerra Mundial (*Navigating New Horizons: A Global Foresight Report on Planetary Health and Human Wellbeing*, Nairóbi, UNEP, 2024, p. 17).

Prólogo
CRISE EXISTENCIAL

A ideia de Antropoceno propõe a existência de uma ponte entre as últimas oito décadas e um porvir de duração indefinida. Possivelmente de séculos, talvez de milênios. Toda uma "Época" do tempo profundo da escala geológica, embora curtíssima se comparada aos seus "Períodos" e "Eras".

Conforme tais convenções, a Terra está há quase 12 milênios no Holoceno, a mais recente das "Épocas" do "Período" Quaternário (1,6 milhão de anos), pertencente à "Era" Cenozoica (65 milhões de anos).

Tem sido extremamente comum a troca semântica de "Época" por "Era", estimulada por conveniências práticas de comunicação. Ou por liberdades poéticas, como a que chama de Antropoceno todos os últimos setenta milênios, desde que o *Homo sapiens* "reescreveu as regras do jogo", alterando o ecossistema global de modo profundo, sem precedentes e definitivo.

Não é sobre poemas, contudo, a grave controvérsia científica do último quarto de século, desde que a conjectura sobre a temerosa escalada dos impactos humanos no ambiente global foi divulgada nas páginas da revista *Nature*, em 2002, no artigo "Geology of Mankind". Por iniciativa de Paul Crutzen (1933-2021), Prêmio Nobel de Química em 1995 por descobertas sobre a camada de ozônio.

Para os que contestam tal interpretação, por enquanto seriam apenas "potenciais" os registros estratigráficos apresentados para justificar mudança de Época. Não passariam de previsões, insuficientes para se oficializar, desde já, nova Época. Fazê-lo seria atitude "política", em vez de "decisão científica".

Tal avaliação é rejeitada pela ala dos pesquisadores das geociências que considera claramente funcional e estratigráfica a fronteira entre Holoceno e Antropoceno. Mas, como as evidências apresentadas não persuadiram a Comissão Estratigráfica Internacional (ICS), a Terra permanece no primeiro.

Ninguém pode negar, contudo, que — desde meados do século passado — tendem a ser por demais excessivas as pressões humanas sobre alguns essenciais ciclos biogeoquímicos, a começar pelos do carbono e do nitrogênio.

A pergunta, então, é se tão recente e brusca aceleração de tão negativos impactos na biosfera marca, ou não, uma ruptura suficiente para que se possa abstrair o formalismo das geociências e admitir que, sim, já foi inaugurada a ponte chamada de Antropoceno.

Não é trivial que de todo o dióxido de carbono atribuível às atividades humanas estocado na atmosfera três quartos tenham sido emitidos apenas nos últimos setenta anos. Ou que no piscar de olhos temporal em que viveram as três últimas gerações tenha aumentado exponencialmente o uso de plásticos, motores a combustão ou a quantidade de nitrogênio sintético. Somados à erosão da biodiversidade, à acidificação dos oceanos e à escassez de água doce, são estes alguns dos principais saltos intrínsecos àquilo que a história ambiental entende por "Grande Aceleração".

Otimismo

É bem duvidoso que tanta rapidez possa continuar. Há até quem demonstre que quase tudo já entrou em desaceleração, na trilha do que ocorre de forma mais evidente com o crescimento populacional. Sendo a temperatura a única e "catastrófica" exceção.

Tal tese é bem defendida pelo professor de geografia, da Universidade de Oxford, Danny Dorling, autor de *Slowdown: The End of the Great Acceleration*. Nada diz sobre a ideia de Antropoceno, mas apresenta evidências que contrariam hipóteses de inevitáveis catástrofes.

Ao mesmo tempo, o que conspira contra tamanho otimismo é o mísero avanço da governança ambiental global. Por enquanto, só tem se mostrado razoável no âmbito da camada de ozônio. Então, por mais que se aposte no fim da aceleração iniciada em 1945-1950, o mais provável é que, por muito tempo, os ecossistemas ainda continuem excessivamente pressionados.

Fortes evidências sobre o vigor da aceleração foram reunidas no relatório *Navigating New Horizons*, publicado, em julho de 2024, pelo Programa das Nações Unidas para o Meio Ambiente (UNEP ou Pnuma). O notável time de cientistas convocados para elaborá-lo concluiu que as crises não apenas se aceleram, como se amplificam e se sincronizam, gerando grave "policrise".

O alerta é sobre a piora da "tripla crise planetária", composta por poluições e lixos, perdas de biodiversidade e aquecimento global. "Em assombrosa velocidade, elas contribuem para crises humanas, como conflitos por território e recursos, deslocamentos e deterioração da saúde."

Ainda não é possível saber quais serão as influências da inteligência artificial (IA). É provável que a procura por minerais críticos aumente com mais rapidez e possa ter impactos significativos na segurança alimentar e hídrica, assim como na poluição.

Tais pressões estendem-se às profundezas do mar, aos confins da atmosfera e até ao espaço exterior. Mudança que cruza com outros sinais tecnológicos, incluindo o rápido crescimento da atividade espacial e dos detritos orbitais, assim como a potencial implantação de tecnologias de Modificação da Radiação Solar (SRM), também conhecida como "geoengenharia solar".

Ao todo, seriam dezoito os sinais de ameaças e oportunidades que não podem ser subestimados. Dezoito sinais de um conjunto de oito grandes fenômenos, entre os quais merecem destaque a persistência e ampliação das desigualdades socioeconômicas e a escassez de críticos recursos naturais.

Tudo isso só sugere que dificilmente poderá ser afastada a ideia de uma nova Época, por mais que contrarie convenções das geociências e que estatísticas mostrem que o aquecimento seria uma exceção. A ideia veio para ficar, como mostram os debates travados em diversos periódicos científicos, com destaque para dois: *The Anthropocene Review* e *Anthropocene Science*.

Também vale lembrar o quanto é raro que uma novidade científica se legitime com rapidez, a ponto de logo impor o descarte das ideias anteriores. Foi uma exceção o caso da "tectônica das placas". Quase sempre há longas coexistências, como a que hoje opõe, por exemplo, as duas sínteses sobre a evolução biológica, chamadas de moderna e estendida.

Se assim é nas ciências, com muito mais razão no pensamento econômico contemporâneo, em que proliferam inúmeras ilhas teóricas, sem que se possa vislumbrar convergências favoráveis à formação de, ao menos, alguns arquipélagos. Qualquer tentativa de exposição descritiva logo resultaria em maçante enciclopédia.

Para evitar tal risco, este livro prefere salientar as raras dessas ilhas que chegaram a identificar os mais negativos impactos da "Grande Aceleração". Para, em seguida, discutir seus desdobramentos e ressaltar o resultante nexo entre pensamento econômico e Antropoceno.

Dúvida

Qualquer razoável historiador admite que o êxito material das sociedades humanas vem passando por incomparável turbinagem, mesmo que nem se refira à legenda "Grande Aceleração".

A frenética agressão dos humanos ao restante da natureza já havia gerado propostas com outras denominações, muito antes do *frisson*, provocado por Crutzen, em fevereiro de 2000, em conferência do IGBP (Programa Internacional Geosfera-Biosfera) no município mexicano de Cuernavaca.

Claro, vale insistir que a avaliação das evidências estratigráficas para o encerramento oficial do Holoceno exige meticulosos cuidados da IUGS (União Internacional das Ciências Geológicas). Ainda mais que a sugestão do químico holandês suscitara díspares estimativas dos impactos das atividades humanas sobre o conjunto dos ambientes naturais da Terra.

Tudo isto ajuda a entender por que foi somente sete anos depois que Crutzen deu publicidade à proposta — só no finzinho de 2009 —, que a IUGS criou o agora célebre "AWG", ou "Grupo de Trabalho sobre o Antropoceno", na Subcomissão do Quaternário (SQS), parte de sua mais antiga estrutura, a Comissão Estratigráfica Internacional (ICS).

No AWG, aos poucos foi se formando consenso sobre quais seriam os sinais de início do Antropoceno. Em vez do surgimento de crescentes concentrações de dióxido de carbono e metano, desde fins do século XVIII, como cogitara Crutzen, o grupo se voltou ao começo da "Grande Aceleração", já bem estudada pelos historiadores ambientais. Passou, então, a procurar por testemunhos da radioatividade deixados pelas primeiras detonações de armas nucleares.

Em julho de 2023, teve ampla repercussão midiática a identificação do que seriam os melhores indicadores do início da nova Época, no Lago Crawford, da província canadense de Ontário. Essencialmente, resquícios do elemento radioativo plutônio em amostras de sedimentos coletados a 24 metros de profundidade, referentes a 1950.

Pareceu, então, a muitos dos observadores de tão prudente evolução institucional, que as conclusões do AWG estariam maduras para, finalmente, serem aceitas no 37º Congresso da IUGS, programado para a última semana de agosto de 2024, em Busan, na Coreia do Sul.

Daí a forte reversão de expectativa imposta, desde o 5 de março de 2024, por "furo" do *New York Times*, de Raymond Zhong, sobre rejeição de tais conclusões na Subcomissão (SQS). Por 12 a 4, mais 2 abstenções. Com simultâneas alegações de que poderia ter havido "irregularidades processuais" e — até —, especulações sobre possível "fraude".

Em vez disso, a inesperada decisão só veio a confirmar a magnitude de um dissenso absolutamente normal em seu contexto científico.

Morte

Continuam a ser ínfimos os impactos das atividades humanas na geosfera. No máximo, algumas cócegas em sua camada superior, a litosfera. Então, quanto mais um geólogo tiver apego à sua tradição disciplinar, menos encontrará razões para o fim do Holoceno em sedimentos como os do Lago Crawford.

Ao longo dos quinze anos anteriores à rejeição da proposta, seus colegas que por ela mais se empenharam foram os que já haviam adotado perspectiva transdisciplinar, intensamente direcionada às conexões com a atmosfera, biosfera, criosfera e hidrosfera. Pesquisadores voltados aos estudos do complexo Terra, fulcro do primeiro volume desta trilogia.

Em outras palavras, a propalada "morte" do Antropoceno — conforme título de artigo do repórter Paul Voosen na revista *Science* —, teve por causa a tensão entre o cânone da Geologia e a adesão de boa parte de seus pesquisadores à chamada "Ciência do Sistema Terra", de legitimação ainda incipiente.

Tudo indica, portanto, que terá longuíssima vida o mal--estar motivado pela rejeição do Antropoceno pela IUGS. Assim como a certeza de que a noção permanecerá muito demandada. Além de já assumida pelas Humanidades — tema do segundo volume desta trilogia — entrou, para ficar, na chamada "História Pública". Mesmo que indevidamente usada, pois o emprego do sufixo "ceno" pertence à escala geológica do tempo.

Nesse sentido, não poderia ter sido mais curioso o posicionamento do diretor do Potsdam Institute — o notável Johan Rockström —, em entrevista a Reinaldo José Lopes, publicada pelo jornal *Folha de S. Paulo* em 25 de maio de 2024 (p. B5), quase três meses depois do choque.

A pergunta foi se ele teria ficado muito desapontado pela derrota da proposta definidora da nova Época. A longa resposta, enfaticamente positiva, terminou em interessante racionalização.

O Holoceno é um estado de equilíbrio, de clima ameno e estável, que permitiu o surgimento das atuais civilizações. Até agora nós não chegamos a um novo estado. O Antropoceno, até agora, seria uma pressão causada pela ação humana que corre o risco de nos empurrar para um outro estado. Ele seria um estado quente autorreforçado do clima global, que existiu pela última vez na Terra há mais de 60 milhões de anos.

"Nesse caso, o extremo conservadorismo adotado pelos geólogos acaba sendo um bom sinal — um sinal de que ainda não chegamos a esse abismo."

Quase um mês depois, no dia 29 de agosto de 2024, os principais responsáveis pela proposta de formalização do Antropoceno (Zalasiewicz *et al.*) argumentaram, na revista *Nature* (vol. 632, pp. 980-4), que o Antropoceno, como conceito, permanecerá altamente correto e apropriado para todos os campos do conhecimento, com exceção da Geologia.

Sem contar com a assinatura de Rockström, afirmaram não haver dúvida de que "impactos humanos avassaladores" estão transformando o "funcionamento planetário" desde meados do século XX.

Muitas conversas sobre o Antropoceno têm sido realizadas no âmbito do IEA-USP, todas disponíveis em seu website e no YouTube. Sobre sua "crise existencial", vale destacar a que teve participação da geóloga Silvia Figueirôa, da Unicamp, e do historiador ambiental José Augusto Pádua, da UFRJ.

De qualquer forma, o conhecimento dos deletérios efeitos da "Grande Aceleração" é bem anterior à proposta de que a Geologia convencione alguma mudança de Época. Também foram muitas as manifestações de consciência social de que teria havido mudança qualitativa na relação dos humanos com a biosfera.

Três exemplos são emblemáticos: já em 1948 foi fundada a União Internacional para a Conservação da Natureza (IUCN), seguida, em 1961, pelo Fundo Mundial para a Natureza (WWF) e, em 1971, pelo Greenpeace. Melhor: é de 1968 o relatório da ONU que estabeleceu as bases do Programa das Nações Unidas para o Meio Ambiente (Pnuma ou UNEP).

Este "ano que não terminou" talvez também deva ser considerado um marco histórico deste tema. Basta lembrar outras duas demonstrações coletivas de apreensão com a gravidade que passavam a ter os impactos ambientais do processo civilizador.

Em 1968, poucos meses separaram a pioneira "Conferência da Biosfera" promovida pela Unesco, em Paris, do primeiro encontro do Clube de Roma, puxado pelo então cientista-chefe da OCDE, o químico escocês Alexander King (1909-2007).

Nos Estados Unidos, a preferência parece ser pela adoção do ano seguinte, 1969, como marco histórico. Principalmente pela emergência do slogan "Give Earth a Chance" na Universidade de Michigan. Uma iniciativa do Environmental Action for Survival Committee, no contexto dos amplos protestos contra a Guerra do Vietnã.

Marcos

Nos anos 1960, também foram muito mais frequentes do que se imagina as manifestações individuais sobre o drama ambiental. Até mesmo de um admirável punhado de economistas, como mostrará este livro.

A mais lembrada, contudo, não pode deixar de ser a da publicação, em 1962, do best-seller *Silent Spring*, da bióloga marinha Rachel Carson (1907-1964). De inigualável repercussão e influência no despertar do novo movimento ambientalista estadunidense.

Porém, sob o prisma da governança global, o pioneiro catalisador foi a proposta do governo sueco — aprovada em 1968 pela ONU —, que levou à realização da "Conferência das Nações Unidas sobre o Meio Ambiente Humano", em Estocolmo, de 5 a 16 de junho de 1972. Seguida da efetiva criação do Pnuma, pela sua subsequente Assembleia Geral, em dezembro.

O fato é que, em torno da virada para a década de 1970, as sociedades do então "Primeiro Mundo", hoje frequentemente caracterizadas pela expressão "Norte Global", só poderiam estar mesmo propensas a perceber que os problemas ambientais mereciam mais atenção da comunidade internacional.

Desde a notícia do assustador envenenamento massivo por mercúrio na baía japonesa de Minamata, em janeiro de 1956, até as gigantescas manifestações de 22 de abril de 1970 — o primeiro "Earth Day" —, longa série de acontecimentos e informações científicas haviam levado os governos das principais nações democráticas a perceber que muitas questões habitualmente tachadas de "ambientais" poderiam se revelar tão ou mais importantes que as tradicionalmente classificadas de "sociais". Particularmente, quando pudessem ser fonte de alguma ameaça ao desempenho econômico nacional.

Tal avanço da percepção governamental ainda não ocorrera, contudo, do lado do bloco soviético e da China. Ainda menos no então chamado "Terceiro Mundo", hoje parte do "Sul Global", que acabara de criar o "Movimento dos Não Alinhados", com sede na então Iugoslávia.

Em tal contexto geopolítico, o agendamento da Conferência de Estocolmo não poderia ter deixado de provocar muita desconfiança e alta suspeição por parte destes dois conjuntos estatais. Seriam muitas e intrincadas as manobras necessárias a destravar os entendimentos globais sobre o que as grandes democracias haviam passado a chamar de "meio ambiente humano".

Obteve grande êxito o encarregado de descascar tamanho abacaxi: o canadense Maurice Strong (1929-2015). Juntou alguns dos mais influentes "economistas do desenvolvimento" num "Grupo de Peritos sobre Desenvolvimento e Meio Ambiente" para que redigissem um documento em favor do diálogo.

Pouquíssima gente ouviu falar do resultante relatório, assinado pelos 27 que haviam aceitado se fechar num desconfortável hotelzinho do vilarejo suíço de Founex, entre 4 e 12 de junho de 1971. Deixando a redação final a cargo do paquistanês Mahbub ul Haq (1934-1998), o desconfiado dirigente do Pnud que, bem depois, em 1990, lançaria o IDH (Índice de Desenvolvimento Humano).

Até 1972, prevalecia o entendimento de que cuidar da natureza sempre seria algo incompatível com a ambição da maioria nas nações ao próprio desenvolvimento. Foi o *Founex Report* que destravou a Conferência de Estocolmo, favorecendo o início da cooperação multilateral que, um dia, ainda haverá de gerar governança mundial da grave tensão entre bons cuidados ecossistêmicos e crescimento econômico.

Deve-se ao ilustre desconhecido relatório de Founex o desencadeamento da dinâmica política que levaria — nos idos de 1987-1992 —, ao hasteamento da bandeira do "desenvolvimento sustentável" (DS). Embora Strong tenha usado seu braço esquerdo — Ignacy Sachs (1927-2023) — para tentar emplacar o slogan "ecodesenvolvimento", este foi vetado por Henry Kissinger (1923-2023).

Mesmo legitimada pela segunda grande conferência — a Rio-92 —, a bandeira do DS demorou muito para ser assumida pela própria ONU. A melhor evidência está na iniciativa que levou à "Declaração do Milênio", em 2000, à qual foram depois apensados oito "ODM" (Objetivos de Desenvolvimento do Milênio). Por um triz, não ficou inteiramente de fora qualquer preocupação próxima do que já vinha sendo chamado de "sustentabilidade".

Foi preciso esperar 2015 para que se produzisse uma quase reviravolta. Diz-se que é até excessiva a atual Agenda 2030, com seus 17 ODS, fruto de inédita participação de organizações da sociedade civil nas discussões da Assembleia Geral da ONU. De fato, houve demasiado voluntarismo no estabelecimento de exagerado número de metas. Infelizmente, a contribuição da comunidade científica chegou apenas na vigésima quinta hora.

No entanto, ao longo dos próximos anos, todos esses erros poderão ser bem avaliados para que seja mais realista a sucessora da Agenda 2030. Certamente poderão ser muito úteis as novas modelagens feitas para o Clube de Roma sob a liderança do norueguês Jorgen Randers.

Inovações na própria essência do novo documento serão mais imperiosas que alterações nos objetivos, metas e indicadores. Este, sim, poderá vir a ser um bom pacto pelo futuro da humanidade. Supondo que ele se torne uma "Agenda 2050", não há tempo a perder. A superação do precário conteúdo da Agenda 2030 depende da elaboração de imprescindíveis novos insumos científicos.

O plano deste livro

Examinar os impactos da "Grande Aceleração" no pensamento econômico dos últimos oitenta anos é o cerne desta aventura. Desde as primeiras observações sobre a originalidade histórica da segunda metade do século passado, até os mais recentes debates sobre as condições de vida das gerações futuras. O tema central de tal evolução é, evidentemente, a estreita relação entre o crescimento econômico e o que veio a ser chamado de "desenvolvimento sustentável".

Em outras palavras, a dinâmica que engendrou a primeira utopia da possível nova Época, no bojo da legitimação da sustentabilidade como um novo valor. Não poderiam ser outros, então, os conteúdos dos capítulos 3, 4 e 5 deste livro.

Hoje, duas tendências polarizam os debates sobre o crescimento: o anseio de esverdeá-lo contra a ambição de descartá-lo. Mas também existem várias nuances entre as formulações de crescimento verde e simples decrescimento. Em geral, preferem colar ao termo "crescimento" os prefixos "pós" ou "além".

É em apoio a tais posicionamentos de meio-tom que se dirigem os esforços analíticos apresentados neste livro. Com conclusão favorável a postura normativa bem pragmática e distante das que consideram insuperável o intrínseco dilema moral entre os benefícios e malefícios de mais crescimento.

As duas já mencionadas experiências anteriores desta trilogia persuadiram o autor de que a leitura de intrincados diagnósticos pode ser bem introduzida e mais estimulada por um prévio "sortido", tipo *pot-pourri*. Desta vez ele ocupa os dois primeiros capítulos. Podem ser um bom aquecimento preparatório a uma leitura, forçosamente menos leve, dos capítulos que esmiúçam a evolução do pensamento econômico sobre crescimento e desenvolvimento.

A aposta é que o leitor disponha de um livro a ser consultado por muito tempo depois de ter sido examinado, ou lido, pela primeira vez. São muitos os depoimentos de leitores dos dois anteriores que revelaram ter logo apreciado o que ali foi chamado de "sobrevoo", deixando o sumo — chamado de "zoom" — para posteriores retornos, facilitados pelo uso do índice remissivo.

Mesmo deixando os agradecimentos para o final, impõe-se já destacar que algumas partes dos terceiro e quarto capítulos reiteram e renovam anteriores investimentos intelectuais feitos graças a preciosas coautorias com Andrei Cechin, professor do Departamento de Economia da UnB.

1.
DISCÓRDIAS

Têm sido muitos os excelentes impactos do cada vez mais amplo consenso em torno do mote "desenvolvimento sustentável", desde a sua histórica legitimação global na Rio-92. Especialmente na busca por alternativas aos piores efeitos colaterais do padrão de desenvolvimento da "Idade de Ouro", também chamada de "Trinta Anos Gloriosos", de 1945 a 1975.

Porém, é inevitável reconhecer que, sobre o principal ingrediente econômico do desenvolvimento — o crescimento —, debates teóricos e políticos permanecem bem distantes de qualquer comparável convergência. Neste caso, inúmeras discórdias e dúvidas, mesmo que pareça minimizado e isolado o negacionismo sobre as agruras socioambientais do crescimento econômico.

É preciso perguntar quais poderiam ser as semelhanças e diferenças entre os fundamentos de recentes jargões que compõem a seguinte lista (incompleta). Para economia: "circular", "do bem-estar", "regenerativa", "rosquinha", "verde" ou "bioeconomia". Para crescimento: "amigo do clima", "de base ampla", "inclusivo", "inteligente", "limpo", "partilhado", "resiliente" e "verde".

Claro, foram poucas as tiradas do gênero que chegaram a interessar os quadros das pertinentes organizações internacionais, como o Banco Mundial, o FMI, a OCDE e várias entidades da ONU. Mais: surgem surpresas quando se procura entender a evolução histórica das posições políticas de tais organizações sobre crescimento econômico.

No fim dos anos 1960, a OCDE (Organização para a Cooperação e Desenvolvimento Econômico) — considerada "o templo do crescimento dos países industriais" — começou a questionar a sua própria concepção, sob o rótulo "problemas da sociedade moderna". Acolhendo discussões bem sintomáticas das incertezas referentes às expectativas sobre industrialização, modernização e consumismo.

Foi em tal contexto que alguns de seus mais notáveis pesquisadores tomaram a iniciativa de criar o célebre Clube de Roma, que, por sua vez, encomendou o relatório *Limits to Growth* (*Limites do Crescimento*, *LtG*), publicado em 1972. Um documento perturbador a ponto de — por décadas — pautar os debates econômicos.

A primeira mudança emblemática surgiu por encomenda do Ministério de Meio Ambiente do Reino Unido, resultando, entre 1989 e 1993, numa trilogia intitulada *Blueprint for a Green Economy*. Os autores, pioneiros da atual disciplina "Economia Ambiental", ressaltaram a necessidade de progressos urgentes em três áreas fundamentais: precificação, contabilidade e incentivos.

Simultaneamente, haviam surgido, nos EUA, proposições teóricas bem mais radicais, baseadas essencialmente na ideia de que não há escapatória à segunda lei da termodinâmica, a entropia. No futuro, qualquer desenvolvimento social poderá exigir decrescimento econômico, podendo passar por fase parecida a uma "condição estável", mais frequentemente referida como "prosperidade sem crescimento" ou de "pós-crescimento".

Todavia, sempre foram eminentemente teóricas e sem razoáveis propostas práticas (*policy*) as conjecturas dessa admirável turma que fundou, em 1989, a Sociedade Internacional de Economia Ecológica e, em seguida, a revista *Ecologi-*

cal Economics. Por isto, uma segunda mudança emblemática só emergiu bem depois, na longínqua Coreia do Sul.

A "Rede da Iniciativa de Seul sobre o Crescimento Verde" foi lançada em março de 2005, na "Conferência Ministerial sobre Ambiente e Desenvolvimento na Ásia e no Pacífico", sob os auspícios do Conselho Econômico e Social das Nações Unidas (Ecosoc). Seguiram-se sete anos de clara consolidação, até a grande conferência Rio+20, em amadurecimento que envolveu sobretudo a OCDE e o Banco Mundial.

Assim, em junho de 2012 apareceu o decorrente Global Green Growth Institute (GGGI), apoiado pela Austrália, Emirados Árabes Unidos, Japão, Reino Unido, Dinamarca e Noruega. Para "ser pioneiro e difundir um novo modelo de crescimento econômico", concebido como "laboratório aberto e global para apoiar a experimentação e a aprendizagem coletiva de países que procuram ultrapassar o insustentável modelo intensivo em recursos ambientais, iniciado pelas economias avançadas".

Tal iniciativa foi ofuscada pela voracidade dos debates em torno da proposta de um "Global Green New Deal", que aumentou a heterogeneidade retórica das polêmicas sobre o desenvolvimento sustentável. E que também contribuiu para ocultar uma riquíssima dinâmica de discussões no seio da OCDE.

Também desde 2012, a OCDE está empenhada em levar adiante "um processo de reflexão visando à melhoria contínua de suas análises e de seu aconselhamento político". Tal programa é conhecido por NAEC, sigla em inglês de "Novas Abordagens aos Desafios Econômicos".

De uma dúzia de documentos resultantes do NAEC, o que mais procura responder à pergunta sobre eventual pós-crescimento é de 2020: *Beyond Growth: Towards a New Economic Approach*. Diz que ir "além do crescimento" deve ser intento político explícito, mas que tal lema não significa abandonar o crescimento como objetivo, nem nele apostar: significa, essencialmente, mudar a composição e a estrutura da atividade econômica.

Além do crescimento?

Foi "economia verde" a expressão que mais se popularizou ao longa da dinâmica gerada pela consciência sobre os condicionantes ambientais do crescimento econômico. Mas, a rigor, verde seria uma economia que daria as costas a 70% da biosfera, pois os oceanos são azuis e esverdear é a pior coisa que lhes pode suceder.

Como explicar, então, que venha de tamanho disparate a convenção absolutamente hegemônica de uso do verde para se aludir à sustentabilidade, tanto na dimensão substantiva, da *"economy"*, quanto teórica, da *"economics"*?

A resposta parece óbvia, dado que a cor verde foi a eleita pelos ambientalistas, desde ao menos dois séculos antes do advento do Greenpeace. Portanto, a pergunta passa a ser por que a teriam escolhido.

Há mesmo quem evoque o simbolismo positivo desta cor para a espiritualidade, com exemplos astrológicos, bíblicos, kardecistas, umbandistas, do candomblé e até do tarot e da numerologia. Porém, o mais provável é que a razão seja, ao contrário, bem objetiva. A defesa do meio ambiente surgiu em ecossistemas terrestres e a noção de sustentabilidade emergiu na aurora da engenharia florestal, em 1713.

Assim, na segunda metade do século XX, não poderia ter sido outra a cor atribuída ao mais novo de todos os valores sociais historicamente selecionados, que passou a adjetivar o que emergiu como a primeira utopia do Antropoceno: o desenvolvimento sustentável.

Talvez não exista melhor ícone dos usos e abusos da associação da cor verde à economia do que o livro *The Spirit of Green: The Economics of Collisions and Contagions in a Crowded World*, de William D. Nordhaus, publicado em 2021 pela Princeton University Press.

Como o único Prêmio Nobel de Economia a algum pesquisador do aquecimento global havia sido atribuído a Nordhaus, em 2018, nada mais estranho que, três anos depois, tenha sido gélida a recepção de tal lançamento.

Vítima da pandemia de Covid-19? Talvez, mas também é possível que tenha decepcionado a maioria dos admiradores de suas inigualáveis modelagens para a precificação do carbono, os fãs do livro de 2013: *The Climate Casino*.

Por mais surpreendente que seja, Nordhaus se pretende — nada mais, nada menos — que o guru econômico daquilo que faz questão de grafar com maiúsculas: um movimento "Verde" que ele opõe à realidade "Marrom".

Diz que economia "Verde" é o ramo da *"economics"* mais voltado ao comportamento de sistemas não mercantis afetados pelos humanos. E deplora que a maior parte de seus adeptos sejam céticos quanto à capacidade de assimilação ou incorporação pela economia convencional ou neoclássica.

Argumenta, ao contrário, que os bens e serviços ambientais são como outros quaisquer, exceto por sofrerem de falhas de mercado. A solução seria corrigir tais falhas e prosseguir normalmente com os negócios. Por exemplo, se a poluição urbana é o resultado de emissões subvalorizadas de dióxido de enxofre, então basta que se defina um preço adequado para tais emissões.

Admite que quatro grandes deficiências precisariam ser corrigidas numa teoria econômica propriamente Verde. Embora não acate todas, concorda que estão no "espírito do Verde", precisando ser cuidadosamente avaliadas.

A primeira é que as preferências atuais não refletem os interesses das gerações futuras. Decisões são tomadas por consumidores e eleitores, sem que gerações futuras sobre elas tenham voz. Os futuros eleitores não terão como derrubar os políticos de hoje.

A segunda é que os mercados financeiros e as decisões públicas também não ponderam presente e futuro, o que distorce as taxas de desconto. Custos presentes são sobrevalorizados e benefícios futuros, subvalorizados. O futuro parece pequeno demais devido a defeito no telescópio usado para observá-lo.

Em terceiro, a economia de mercado subestima os bens públicos, como a qualidade ambiental e os serviços ambientais. Por exemplo, certas espécies podem ser extintas porque o seu estoque reprodutor está subvalorizado.

O que se aplica com ainda mais força aos bens públicos globais, como as alterações climáticas ou a proteção da camada de ozônio, para as quais os preços de mercado não são apenas baixos, mas nulos. O preço das emissões de dióxido de carbono costuma ser zero, bem inferior aos custos sociais.

O quarto defeito está no fato de o pensamento econômico dominante minimizar a preocupação central que, em certo sentido, abrange as três primeiras: a necessidade de garantir que o crescimento seja sustentável.

Pois é justamente nesta questão — crescimento — que o livro mais decepciona, ao não trazer qualquer esforço propositivo. No máximo, faz interessantes comentários sobre a proposta do "Green New Deal", infelizmente bem restritos ao contexto político dos anos 2018-2020 e só nos EUA.

Bem mais grave, contudo, é que, aos 80 anos, William D. Nordhaus tenha conseguido descartar — no livro de 352 páginas sobre "economia verde" já citado — a principal escola de pensamento a respeito, nascida lá nos EUA, nos anos 1980: a economia ecológica. Apesar de regularmente publicada — desde 1989 —, a revista *Ecological Economics* foi cirurgicamente omitida.

O INVERSO

Não existe melhor contraste a Nordhaus do que um de seus colegas que, infelizmente, não chegou a ganhar um Nobel, embora tenha sido indicado por quinze expoentes da Economia Ecológica, em longa carta aberta ao comitê científico de nomeações. Missiva que começa por ressaltar a edição especial a ele consagrada pela revista *Environmental Innovation and Societal Transitions*.

Em 23 de outubro de 2023, morreu, aos 91 anos, Robert U. Ayres, físico e economista estadunidense, que desde 1992 era professor no Instituto Europeu de Administração de Empresas (Insead), na França.

Em seus mais de sessenta anos de pesquisas — que sempre integraram física, economia e ecologia —, Ayres publicou trinta livros e centenas de trabalhos, todos em defesa de uma tese essencial: energia não pode ser entendida como mera mercadoria intermediária. Mas, sim, precisa ser entendida como trabalho, por mais que isto possa escandalizar o pensamento econômico tradicional.

Ayres esteve na vanguarda das pesquisas sobre os "fluxos de materiais-energia" na economia global. É dele o conceito de "metabolismo industrial", gerador da área de estudos explorada, desde 1997, pelo periódico *Journal of Industrial Ecology*.

Apenas um de seus livros chegou a ser traduzido no Brasil, em 2012, pela editora gaúcha Bookman: *Cruzando a fronteira da energia*. Neste caso, em coautoria com o irmão Edward H. Ayres, escritor ambientalista, que, na direção do Worldwatch Institute, editou a revista bimestral *Worldwatch*. Também famoso, aliás, como o abnegado corredor de ultramaratona que criou a revista *Running Times*.

Para os irmãos Ayres, o melhor plano para o crescimento econômico seria reformar radicalmente a maneira de gerenciar as atuais matrizes energéticas, com a meta de duplicar a quantidade de "serviços de energia" recebida de cada gota de combustível fóssil que usamos.

Alertam que a energia física desempenha um papel muito mais importante na produtividade do que admite a maioria dos economistas que assessoram empresas e governos. E que a economia energética do mundo industrial é tão profundamente dependente dos combustíveis fósseis, que, mesmo o mais célere crescimento das indústrias de energia eólica, solar e outras renováveis não poderia substituir substancialmente o petróleo, o carvão e o gás natural.

"Para os ambientalistas, talvez seja decepcionante e desorientador pensar que o meio mais rápido e mais barato de reduzir emissões de carbono e a utilização de combustíveis fósseis *não* é virar as costas para as velhas e sujas indústrias do passado e do presente, mas atacar seus recantos mais negligenciados e limpá-los — até que alternativas melhores atinjam a escala adequada."

Isto não quer dizer que os dois irmãos tenham admitido a abertura de novos poços de petróleo. Ao contrário. Incansavelmente, repetem que se trata de melhorar a eficiência no uso do petróleo já em extração. Em 2010, os Estados Unidos se arrastavam em torno de 13% de eficiência global, quando poderiam dobrar esta taxa sem nenhuma nova oferta de tecnologia ou combustível fóssil. Naquele momento, o Japão já atingira o patamar de 20%.

Trevo de quatro

Será que o contraste entre Nordhaus e Ayres seria a melhor síntese das divergências econômicas contemporâneas geradas pela "Grande Aceleração" das últimas oito décadas? A resposta é negativa, pois nenhum deles pertence às correntes mais extremas. Como em quase todas as controvérsias, existem também os que buscam algum "caminho do meio".

Porém, diante de qualquer proposta para o futuro, parece ainda mais adequada a ideia de que tal trevo tenha quatro folhas. Entre a firme rejeição ou a aceitação entusiástica de uma proposição, brotam outras duas que — a contragosto ou de forma cautelosa e crítica — tendem a admiti-la ou a repeli-la. Na tipologia política, seriam os moderados de centro-esquerda e centro-direita.

Sobre restrições ecossistêmicas, os mais radicais — que se intitulam "ecológicos" —, propõem uma "prosperidade sem crescimento" que prepare o futuro "decrescimento".

Na outra ponta, estão os que confiam na superação dos problemas ambientais pelo uso dos mesmíssimos trunfos que geraram a prosperidade das mais avançadas nações democráticas do Hemisfério Norte.

O mais frequente é que estes apontem três: o declínio da fertilidade humana, o investimento em educação e capital humano e o aumento no poder da inovação. Mas, entre estes panglossianos, também surge um coringa: a qualidade das instituições.

Entre os dois polos, não há somente "ecológicos *ma non tropo*", como Sir Partha Dasgupta ou mesmo Jeffrey Sachs. Também há confiantes que não se misturam aos panglossianos e podem ser conservadores, como Daniel Susskind, autor de *Growth: A History and a Reckoning* (2024). Ala que recebeu reforço de peso com a defesa de uma ousada tese: a prioridade para firme combate ao aquecimento global estimularia o crescimento econômico.

Não é outra a ideia que foi frontalmente contraposta à "sabedoria convencional" por uma dupla do barulho: Sir Nicholas Stern e Joseph E. Stiglitz (Nobel em 2001). Em artigo de 2023 na *Industrial and Corporate Change* (vol. 32, n° 2, pp. 277-303), "Climate Change and Growth".

Acham que a "transição verde" ocorre num momento em que os custos de oportunidade macroeconômicos de fortes ações climáticas poderão ser especialmente baixos e os benefícios particularmente altos. Tanto devido a deficiências persistentes da demanda agregada, quanto a avanços tecnológicos, como a inteligência artificial e a robotização.

Num mundo com tantas travas de mercado, há ineficiências profundas e generalizadas. A economia global não está na sua fronteira produtiva (nem em sentido estático, nem dinâmico). Então, acham possível garantir que a melhor proposta sejam intensas ações de descarbonização, com base em oito razões.

Em primeiro lugar, o crescimento aumenta quando se empreende projetos de maior retorno, mesmo que de maior risco. Em segundo, uma ação climática mais forte reduz as despesas improdutivas necessárias à substituição de ativos destruídos por fenômenos climáticos, assim como as despesas defensivas necessárias à proteção contra tal destruição.

Terceiro, as mudanças nos sistemas de inovação que integrem um plano de combate ao aquecimento global são, elas próprias, promotoras do crescimento. Ainda mais à medida em que se tira partido das economias de escala e dos inerentes benefícios da aprendizagem.

Em quarto lugar, a relevância das alterações climáticas tem efeitos de economia política, permitindo resolver certas falhas do mercado (como as associadas a imperfeições nos mercados de capitais).

Em quinto lugar, a importância das alterações climáticas pode ter outros efeitos comportamentais, que se traduzem em crescimento mais forte. Obrigam a se pensar a longo prazo, quando um dos impedimentos é justamente a miopia dos participantes.

Em sexto lugar, especialmente numa era marcada por uma procura agregada deficiente, uma ação climática mais forte conduzirá a uma plena utilização dos recursos da economia.

Sétimo, uma ação climática mais forte estará associada a uma melhor saúde — e isto também aumentará o crescimento da produtividade. E, em oitavo lugar, ressaltam que as alterações climáticas prejudicam a biodiversidade, da qual dependemos de múltiplas maneiras.

Concluindo, declaram-se otimistas de que aumentará o crescimento, ao menos a curto e médio prazo — crescimento medido em relação ao contexto contrafactual relevante: o crescimento com a atual insuficiente ação climática.

Mesmo que o PIB, como medido convencionalmente, cresça lentamente, a tal da "economia verde" engendraria rápidas melhoras nos padrões de vida, desde que medidos nas múltiplas dimensões do bem-estar.

Dimensão moral

Áurea comparável à de Stern e Stiglitz é, com certeza, a de Jeffrey Sachs, que lançou, no apagar das luzes de 2022, uma coletânea bem difícil de ser enquadrada no trevo de quatro folhas acima sugerido: *Ethics in Action for Sustainable Development* (Columbia University Press, 480 p.).

Quando se versa sobre a dimensão moral de compromissos para avanços pelas 17 veredas do desenvolvimento sustentável — as da Agenda 2030 —, religião e política esbarram, juntas, no abreviado "lé com lé, cré com cré". Expressão derivada do dito "leigo com leigo, clérigo com clérigo", segundo interpretação majoritária.

A exigência é bem ressaltada na introdução, de Sachs com Owen Flanagan, professor de filosofia da Duke University. Além de ética, ele ensina psicologia moral, filosofia transcultural e nexo entre filosofia da mente e psiquiatria.

O prefácio também é de uma dupla ainda mais fora do comum. Ao lado da incomparável celebridade do papa Francisco, um irmão pouco conhecido deste lado do mundo: o greco-turco "patriarca ecumênico" Bartolomeu I, de Constantinopla. Em 2017 eles já haviam conspirado juntos pelo "Dia Mundial de Cuidado com a Criação".

O livro revela impressionante convergência entre ativistas de movimentos religiosos e analistas agnósticos e/ou ateus. Dos 37 autores, nove estão diretamente associados a questões espirituais: três teólogos, dois ecumênicos, dois católicos, um budista e um muçulmano.

Os demais 28 pertencem a organizações pacifistas, ambientalistas e trabalhistas, ou são pesquisadores. Entre estes últimos, seis que trabalham na rede da ONU para soluções sustentáveis e em dois institutos da Columbia University dedicados ao desenvolvimento sustentável, um deles especializado em investimentos.

As duas primeiras das doze partes que separam os 44 textos voltam-se ao tema do "bem comum", com visões laicas e religiosas. As demais discutem: corrupção, educação, futuro do trabalho, indígenas, justiça climática, migração, paz, pobreza, escravidão moderna, tráfico de pessoas, acesso à justiça e papel dos negócios.

O que mais interessa para este estudo do pensamento econômico ante o Antropoceno é o capítulo de Stefano Zamagni, professor da Universidade de Bolonha e atual presidente da Academia de Ciências Sociais do Vaticano. Destacá-lo aqui poderá parecer um tanto distante do eixo argumentativo do livro, mas é algo importantíssimo para evidenciar o quanto a história do pensamento econômico pode ser diferente da que é ministrada na disciplina universitária assim intitulada.

Zamagni pergunta o que poderia explicar o recente interesse por uma teoria que foi desprezada por mais de dois séculos. Trata-se da "Economia Civil", proposta por Antonio Genovesi (1712-1769), titular da primeira cátedra de Economia do mundo, criada, em 1753, pela Universidade de Nápoles.

Quase ninguém soube das *Lições de Economia Civil*, de Genovesi, embora tenha surgido 23 anos antes da "Economia Política", criada a partir da mais lida das duas obras do escocês Adam Smith (1723-1790): *A Riqueza da Nações*. Em grande medida, pela situação periférica da Itália no contexto do que veio a ser a Revolução Industrial.

Produto do Iluminismo napolitano-milanês, a economia civil tem cinco harmonias com as Luzes escocesas: 1) rejeição ao feudalismo, tendo o mercado como saída; 2) elogio do luxo como força de mudança social, graças a benefícios indiretos para toda a sociedade; 3) clara compreensão da revolução cultural que a expansão do comércio estava provocando; 4) reconhecimento do papel essencial da confiança em uma economia de mercado; 5) visões modernas da sociedade e do mundo.

Porém, houve uma medular discrepância entre as duas escolas.

Smith, mesmo reconhecendo que as pessoas têm uma tendência natural à sociabilidade ("simpatia" e "correspondência de sentimentos"), não a considerou relevante para o funcionamento dos mercados. Aos seus olhos, o mercado não seria, *per se*, *locus* de sociabilidade.

Relações mercantis impessoais — com indiferença mútua — constituiriam característica positiva, civilizadora. Amizade e relações de mercado pertenceriam a duas esferas bem distintas. A existência de relações de mercado na esfera pública (e somente nela) garantiria que, na esfera privada, a amizade fosse genuína, livremente escolhida e desvinculada de status.

Para a economia civil, ao contrário, o mercado é vida

em comum e ambos compartilham a mesma lei fundamental: a ajuda mútua. Para Antonio Genovesi, a "assistência mútua" é muito mais do que a vantagem recíproca de Smith. Para este, um contrato seria suficiente. Para o primeiro, trata-se de *philia* (amizade, em grego).

Para a economia civil, a própria "regra de ouro" do mercado é a reciprocidade, pois contratos, negócios e trocas são questões de cooperação e de vantagem comum, ou seja, formas — ainda que distintas umas das outras — de reciprocidade.

Em vez de isolar, como fez Smith, uma inclinação humana "para transportar, permutar e trocar uma coisa por outra", Antonio Genovesi incluiu em sua análise dos mercados a complementar propensão humana à assistência mútua. Sua frase preferida, "*Homo homini natura amicus*", expulsa a de Hobbes: "*Homo homini lupus*".

Segundo Zamagni, a principal razão do banimento da "economia civil" por mais de dois séculos reside na influência do utilitarismo de Jeremy Bentham (1748-1832). Em pouco tempo, sua visão conquistou hegemonia no discurso econômico, promovendo a assimilação da antropologia hiper-minimalista do *Homo economicus*.

Mas é claro que Zamagni também insiste que, ao mesmo tempo, foi determinante o florescimento de uma sociedade industrial, em que a maquinaria é protagonista na definição do ritmo de vida das pessoas. Afinal, aí está o significado subjacente ao ford-taylorismo: a tentativa (bem-sucedida) de teorizar este modelo de ordem social e colocá-lo em prática.

Desde Genovesi e Smith, houve uma "grande transformação", no sentido dado por Karl Polanyi. Com impactos consideráveis em aspectos éticos da ação humana: tanto no próprio significado do trabalho e das oportunidades de emprego, quanto na relação entre mercado e democracia.

Zamagni realça, então, que muitas áreas problemáticas das sociedades contemporâneas poderiam ser iluminadas pela economia civil. Mas opta por tratar somente do preocupante e sistêmico aumento das desigualdades sociais. Depois de descrevê-lo, discute a relação entre solidariedade e fraternidade.

Enquanto a solidariedade é o princípio de organização social pelo qual os desiguais podem se tornar iguais, o da fraternidade permite que os iguais sejam diversos. A fraternidade permite que pessoas iguais — do ponto de vista de sua dignidade e de seus direitos humanos fundamentais — expressem, de diferentes maneiras, seu projeto de vida ou seu carisma.

Enquanto uma sociedade fraterna é também uma sociedade solidária, o contrário não é verdadeiro. Não há razoável futuro para uma sociedade da qual desaparece o princípio da fraternidade. Não há esperança em sociedade dominada pelo "dar para receber" ou "dar por dever".

A chamada "Quarta Revolução Industrial" está testando severamente o atual modelo de desenvolvimento. Não servem nem o credo liberal-individualista do mundo, no qual tudo (ou quase tudo) constitui "perde-e-ganha", nem a proposta estatista, na qual tudo (ou quase tudo) depende de um senso de dever.

Esta é a mensagem central de Antonio Genovesi, que, mesmo 250 anos depois, mantém sua originalidade e contundência. Este início de século XXI clama por um segundo humanismo. No século XV, o fator decisivo foi a superação da ordem feudal. Agora é a superação da sociedade industrial que impõe a necessidade de *aggiornamento*.

Zamagni termina enfatizando que não serviriam a tal propósito a mera atualização de nossas velhas categorias de pensamento, nem uma reforma das técnicas de decisão coletiva, por mais refinadas que pudessem ser. Clama, então, por sabedoria e coragem para trilhar novos caminhos.

O FENÔMENO NAPOLITANO-MILANÊS

Não resta dúvida de que o livro *A Riqueza das Nações*, publicado em 1776 pelo iluminista escocês Adam Smith (1723-1790), foi um ponto de mutação na história do pensamento econômico. Tem-se a sua "Economia Política" como a primeira a romper com o mercantilismo, apogeu de inúmeras especulações anteriores, desde o século IV a.C., na Grécia e na Índia.

Porém, o que Stefano Zamagni destacou no capítulo acima referido foi um sério antecedente, mantido debaixo do tapete por mais de dois séculos. O notável pesquisador da História do Pensamento Econômico (HPE) revela que, antes da proeza britânica, já surgira, na Itália, uma "economia civil" que poderia cair como uma luva para a mudança almejada pelos entusiastas da "Quarta Revolução Industrial".

Tal fenômeno italiano aconteceu quando Smith engatinhava no ensino de Filosofia Moral, logo após ter sido aceito como professor de Lógica. Mais de dois decênios antes de lançar *A Riqueza da Nações*, quando ainda esboçava o que viria a ser a primeira edição da sua *Teoria dos Sentimentos Morais* (1759), radicalmente revista na sexta edição, só publicada três meses antes de morrer.

Entender a diferença entre estas duas economias — a política e a civil — é mais indispensável do que pode parecer. Nada melhor, então, do que evocar o sempre repetido aforismo da *magnus opus* de Adam Smith: "não é da benevolência do açougueiro, do cervejeiro ou do padeiro que esperamos nosso jantar, mas de sua consideração por seus próprios interesses".

Genovesi havia chegado à mesma conclusão, mas não a isolou da gêmea, tão pertinente quanto. Não tanto porque todo consumidor também é movido por seu próprio interesse quando se abastece junto aos citados artesãos. Principalmente porque eles se ajudam, se auxiliam ou se apoiam. Na Escócia, a árvore da "mão invisível" escondeu a floresta.

A preterida face do raciocínio até combina com as ideias morais de Smith. Todavia, o "credo liberal" foi comandado pela exaltação do egoísmo. Excluiu o "também", o "do mesmo modo" e o "ao mesmo tempo" sobre a ajuda mútua ou, no estilo de Genovesi, a "assistência mútua".

Por quase 250 anos, ficou escondida a diferença entre a napolitana economia civil e a escocesa economia política. Até que se começasse a notar o quanto a primeira será mais favorável aos propósitos valorizados em Davos, no Fórum Econômico Mundial (WEF), e à adesão, cada vez maior, às práticas ESG (Environmental, Social and Governance).

Tais tendências querem erigir um futuro em que o tão aplaudido "mercado" beneficie a maioria das partes interessadas (*stakeholders*). Vão se dar conta de que é na coexistência entre competição e cooperação — central nas lições da economia civil — que está a chave do tão indomável vigor dos mercados.

O problema é que colide com possante inércia um eventual abandono da visão unilateral, pelo que seria bem-vinda a influência da mais abrangente economia civil napolitano-milanesa.

É a mesma inércia que explica a demora com que o pensamento econômico começa a tirar lições da "Grande Aceleração". Porém, na transição do século XX para o XXI, não foi possível manter debaixo do tapete os novos "Genovesis". Vejamos quem foram eles, depois do que pode ter parecido, para muitos, uma dispensável digressão sobre a pré-história do pensamento econômico.

Precursor

Uma proposição sobre o Antropoceno, sem alusão, é claro, à escala do tempo geológico em que se apoia, foi antecipada pelo excepcional economista Kenneth E. Boulding (1910-1993). Há sessenta anos, alertou que a mutação histórica do século XX estava sendo equivalente à que gerara o processo civilizador, entre dez e seis milênios antes.

É deplorável que seus escritos nunca estejam entre as leituras mais recomendadas aos alunos de cursos universitários de Economia. Talvez por Boulding ter sido tão transdisciplinar que seu mais citado trabalho é sobre a Sistêmica como "esqueleto" da ciência.

De família humilde de Liverpool, estudou em Oxford e publicou — precocemente, aos 31 — o livro-texto *Economic Analysis* (1941), com diversas reedições, em muitas línguas. Uma das razões para insigne homenagem, em 1949: a medalha John Bates Clark, destinada a jovens talentos pela American Economic Association.

Ao lado de constantes contribuições ao pensamento econômico e à epistemologia evolucionária, desde cedo também impulsionou a pesquisa científica sobre relações internacionais, escrevendo muito sobre os imbróglios geopolíticos. E também deixou obras tão poéticas quanto autobiográficas.

Quatro anos antes de morrer, quando se aproximava dos 80, montou uma estonteante tabela, na qual as suas 1.019 publicações, do período 1932-1988, foram classificadas segundo 31 linhas de pesquisa, com indicação do ano da primeira e frequência em cada um dos seis decênios.

A linha "Paz e conflito", sobre a qual começou a se dedicar em 1942, acabou na dianteira com o total de 152 publicações. Seguida, bem de perto, por "Dinâmica, desenvolvimento e futuro", com 147, desde 1939. Em terceiro, aparece "Conhecimento, informação e educação", com 112, a partir de 1953.

Já o tema "Evolução, ecologia e ambiente", sobre o qual só começou a escrever em 1955, alcançou número bem inferior de publicações: apenas 43. Todavia, em termos qualitativos, certamente foi o mais relevante. Mesmo que tenha sido infrutífero seu empenho em acordar os economistas para a segunda lei da termodinâmica — a lei da entropia.

Entropia indica a capacidade de algum sistema realizar trabalho ou atividade no futuro. Na origem, foi definida, curiosamente, de forma negativa, segundo a qual ela aumenta à medida que decresce a capacidade potencial do sistema. À medida que a atividade é levada a termo, o potencial é gasto.

Boulding sugeriu, então, que a segunda lei da termodinâmica fosse generalizada com o nome de "princípio do potencial decrescente", que assume inúmeras formas em sistemas físicos, biológicos e sociais. Também propôs a expressão "segregação de entropia" para o surgimento de ordem por evolução.

Tais ideias podem ter vindo do biólogo austríaco Ludwig von Bertalanffy, autor do clássico *Das biologische Weltbild* (1949, em inglês *Problems of Life*, 1952), um dos 35 pesquisadores de muitos horizontes a conviverem, durante o ano acadêmico de 1954-55, no Center for Advanced Study in the Behavioral Sciences da Stanford University.

Parece mais provável, contudo, que tenha havido alguma influência das poucas aulas de Química que assistiu em seu primeiro ano letivo da pós-graduação de Oxford, aos 19 anos. Um dos mestres, Frederick Soddy (1877-1956), publicou quatro livros de Economia depois de receber o Nobel de Química, em 1921.

Porém, parece ter escapado a Boulding tamanho pioneirismo de Soddy, pois só começou a destacar a questão da entropia na segunda metade dos anos 1950. Mas acabou por dar-lhe alto grau de didatismo, ao lançar a célebre metáfora da "Espaçonave Terra". Imagem que aflorou em encontro, de 1966, da organização Resources for the Future. O impacto fez com que fosse o primeiro dos doze ensaios escolhidos para a resultante coletânea *Environmental Quality in a Growing Economy*.

Embora tal metáfora seja discutível, pode-se dizer que este foi o seu maior contributo sobre a segunda mutação — subjetiva — que, apesar de cada vez mais incontestável, permanece rejeitada pela soberba dos economistas. A da compreensão dos freios ecossistêmicos ao sonho de continuidade da "Grande Aceleração" iniciada nos "Trinta Anos Gloriosos" (1945-1975).

Entre as melhores evidências da argúcia de Boulding destaca-se o livro *O significado do século XX: a grande transição*, publicado pela editora Fundo de Cultura, em 1966, dois anos depois da edição original. O que está concentrado em seus breves nove capítulos é — nada mais, nada menos — o que já foi dito acima: uma lúcida prévia da atual proposição científica sobre o Antropoceno como nova Época. Foi há sessenta anos que Boulding defendeu a tese de que a experiência humana do século XX só seria comparável à dos primórdios do Holoceno.

Agora, para dizer qual de seus 32 livros daria a melhor visão panorâmica das tantas ideias que nos deixou, a resposta é *Towards a New Economics: Critical Essays on Ecology, Distribution and Other Themes*, publicado pela editora Edward Elgar em 1992. Infelizmente, só existe em capa dura, por 180 dólares. Para empréstimo, no Brasil, só há um exemplar na biblioteca da UnB.

O pioneirismo de NGR

Engenharia e ética são as duas dimensões essenciais do pensamento econômico. Têm sido inócuas as tentativas de isolar apenas a mais instrumental, com a ingênua pretensão de purificá-lo. Mais precárias que as inventadas nos 150 anos que separaram a obra clássica de Adam Smith (1776) da de Lionel Robbins (1932), *An Essay on the Nature and Significance of Economic Science*.

Claro, são duas tradições bem mais antigas. A que inclui a ética remonta a Aristóteles, para quem a finalidade do Estado deveria ser a promoção comum de uma boa qualidade de vida. E lhe foi contemporânea a exclusivamente logística proposta por Kautilya (Índia, séculos III e IV), conselheiro e ministro do avô do célebre Ashoka.

Desde meados do século passado, só diminuiu o peso relativo do componente ético. A metodologia da chamada "economia positiva" não apenas se esquivou de posturas normativas, como também acabou por deixar de lado muitos dos difíceis aspectos morais que afetam o comportamento humano.

Ao examinar as proporções das duas ênfases em publicações acadêmicas sobre economia, salta aos olhos a aversão à dimensão ética e o descaso pela influência de considerações deontológicas no tocante a condutas individuais e sociais. Um crescente e empobrecedor distanciamento.

Ao mesmo tempo, por mais importantes que sejam os problemas suscitados por motivações e realizações sociais, é impossível negar certas virtudes da ótica engenheira. É a própria natureza dos fatos econômicos que dá, a ambas, alto poder de persuasão, por menos que se queira reconhecer.

Para ilustrar, tomem-se os melhores estudos sobre os tragicamente atuais problemas de desnutrição. O fato de irromperem fomes coletivas, mesmo em situações de grande e crescente disponibilidade de alimentos, pode ser melhor analisado mediante os padrões de interdependência ressaltados pela teoria do equilíbrio geral.

Ou seja, a perspectiva aética do pensamento econômico não é necessariamente infrutífera. Mas poderia se tornar muitíssimo mais proveitosa se não pretendesse descartar as incontestáveis considerações éticas que moldam o comportamento e o juízo dos seres humanos.

Infelizmente, não tem sido a propensão predominante entre os economistas mais influentes. Partidários da tendência engenheira não apenas abominam os também éticos como são capazes de alta crueldade, sempre que algum dos seus decide romper com tal sectarismo.

Emblemático foi o banimento do genial Nicholas Georgescu-Roegen (1906-1994), o NGR. Ele chegou a ser endeusado por promover decisivos avanços na Microeconomia, graças à sua invejável sapiência matemática. No entanto, assim que descortinou a incongruência de teorias econômicas sem ética, foi condenado ao ostracismo.

Neste caso, o Torquemada foi alguém de particular relevância na história do pensamento econômico: Paul Samuelson (1915-2009). Primeiro estadunidense a receber o Prêmio Nobel de Economia, em 1970, é dele o livro-texto introdutório mais utilizado no mundo: *Economics*, com inúmeras reimpressões desde seu lançamento, em 1948.

Samuelson chegara a dignificar NGR como "pioneiro da economia matemática", "economista dos economistas" e *"scholar's scholar"*. Isto em seu prefácio ao livro *Analytical Economics*, no qual NGR reuniu, em 1966, uma dúzia de artigos publicados a partir de seu segundo pós-doutorado (1935-36), supervisionado por Joseph Schumpeter (1883-1950), em Harvard.

Só que, na abertura do livro, NGR incluiu uma inédita "primeira parte", de cinco capítulos, em 126 páginas, com uma exposição dos estudos inspirados pelo pós-doc anterior, no University College London (1930-32), com o estatístico e filósofo da ciência Karl Pearson (1857-1936). Cinco capítulos que Samuelson deve ter lido, mas que, certamente, não entendeu.

NGR chegara à conclusão de que a essência do pensamento econômico transmitido pelos modelares manuais era não apenas inteiramente mecânica, como escandalosamente avessa à teoria da evolução e à física moderna. Se assim não fosse, os economistas já teriam sido levados a se afligir — e muito! — com a sorte das futuras gerações.

Ora, ao apontar tamanhos déficits epistemológico e ético no pensamento econômico padrão, NGR passou a ser visto pelos cardeais do *establishment* acadêmico como um transgressor a ser aniquilado. Oportunidade de ouro surgiu, em 1973, na assembleia da American Economic Association, que coroou o seu encontro anual.

NGR pediu transcrição em ata do singelo manifesto "Rumo a uma Economia Humana", lançado pelo movimento pacifista-cristão Fellowship of Reconciliation. Depois de sério tumulto, o texto acabou saindo na edição de maio de 1974 da *American Economic Review*, mas de forma quase ilegível, deixando NGR arrasado.

O epitáfio esperou 1976, quando saiu a décima edição do admirado livro-texto de Samuelson. Em peculiar nota de rodapé, ele advertiu os leitores sobre o esconjuro. Um verdadeiro ícone do gigantesco desprezo que o cânone econômico nutre pelo futuro.

O PONTAPÉ INICIAL

Irreversível consenso sobre a vulnerabilidade da biosfera surgiu, há mais de meio século, entre os cientistas naturais.

Nele, se baseou, em 1967, a proposta sueca de que os países-membros da ONU incluíssem, em suas pautas, "os problemas extremamente complexos relacionados ao meio ambiente humano". E dele decorreu, em 1972, o inesquecível relatório *Only One Earth: The Care and Maintenance of a Small Planet*, proeza de um coletivo de 152 especialistas de 58 países (Ward e Dubos, orgs.).

Naquele momento, tudo sugeria que as demais áreas do conhecimento estariam no mesmo caminho, mesmo que com alguma defasagem. Uma das mais diretamente implicadas — a dos economistas — até dera expressivo sinal de estar bem adiantada, com o já bem ressaltado *Founex Report*.

Admiráveis 22 páginas sobre a relação do desenvolvimento com o meio ambiente, redigidas, em junho de 1971, na calma Terra Santa suíça, com a participação do primeiro Nobel de Economia (1969), Jan Tinbergen, e de outros grandes vultos, como Enrique Iglesias, Felipe Herrera, Shigeto Tsuru, William Kapp e Ignacy Sachs.

Cinquenta anos depois, é forçoso reconhecer, contudo, o elevado teor de ilusão em tal expectativa. Continuam a ser ignoradas as tentativas de adaptação do pensamento econômico à originalidade intrínseca do Antropoceno.

Recente confirmação foi o grau de indiferença dos economistas ante duas despedidas históricas. Em lapso de apenas três meses, faleceram o curitibano Charles C. Mueller, aos 88 anos, e o texano-cearense Herman E. Daly, aos 84.

Do legado do primeiro — presidente do IBGE entre 1988 e 1990 — destaca-se o livro *Os economistas e as relações entre o sistema econômico e o meio ambiente*, publicado em 2007 pela Editora da Universidade de Brasília (UnB), da qual foi professor por mais de trinta anos (1972 a 2004). Uma obra que poderia ter sido decisiva para a atualização dos cursos de graduação em Economia.

Desde os primeiros semestres letivos, os alunos tomariam conhecimento dos elementos básicos da questão ambiental, da gênese da disciplina "Economia do Meio Ambiente" e de suas fraquezas. Ainda em fase preparatória, também seriam familiarizados com a "abordagem sistêmica" das relações entre economia e meio ambiente e com duas noções-chave: capital natural e sustentabilidade. São estes os conteúdos dos sete primeiros capítulos.

A partir do meio do curso, já em amadurecimento, poderiam ser levados a estudar os doze capítulos do miolo, que esmiúçam a "Economia Ambiental Neoclássica". Estariam, então, preparados para aproveitar, no último semestre, os seis capítulos finais, dedicados ao que o saudoso professor Mueller decidiu chamar de "Economia da Sobrevivência".

Mas estas parcas 75 páginas (em livro de 561) também poderiam ficar reservadas apenas aos mais interessados nas variações, entre as quais se destacam a heterodoxa "Economia Ecológica".

Todavia, como os economistas continuam a ser formados em cursos assustadoramente retrógrados, o mais provável é que só se aproximem de tais ideias aqueles que formarem grupos de estudo, bem antes de poderem cursar disciplina optativa, só oferecida, em geral, a partir do quinto semestre do curso.

Há exceções, como a própria UnB, graças à influência ali exercida por Mueller. Mesmo assim, ainda distante do ideal, dada a obrigação de cumprir vetusto padrão curricular.

O panorama até pode ser menos desolador em universidades do Hemisfério Norte que não tenham rechaçado, por exemplo, as ousadas ideias de Herman Daly, autor — já em 1968 — do artigo "On Economics as a Life Science", no *Journal of Political Economy*. Seguido de muitos livros, como *Steady-State Economics* (Island Press, 1977), *Valuing the Earth: Economics, Ecology, Ethics* (MIT Press, 1993) e *Beyond Growth* (Beacon Press, 1996).

Não poderia ser mais gritante, então, o contraste do mutismo dos economistas sobre sua morte, em 28 de outubro de 2022, com toda a história de sua vida e ideias, narrada pelo colega britânico-canadense Peter A. Victor.

Em *Herman Daly's Economics for a Full World: His Life and Ideas* (Routledge, 2022), Victor logrou discutir questões das mais cabeludas, em estilo de romance. Caso da imensa relevância das leis da termodinâmica para o pensamento econômico.

Então, sonhando com a imprescindível reciclagem dos currículos dos cursos de graduação em Economia, é bom que se saiba que foram traduzidas no Brasil duas das muitas contribuições de Daly.

Por iniciativa de ecólogos gaúchos, a editora Mercado Aberto publicara, em 1984, o livrinho *A economia do século XXI*. Seguida — mas só em 2016 — do lançamento, pela Annablume Editora, do que talvez possa ser considerado o seu mais importante investimento. O livro-texto *Economia ecológica*, em coautoria com Joshua Farley, reúne, em 630 páginas, quase tudo o que os economistas precisarão descobrir quando resolverem encarar o consenso científico de mais de meio século. Ou, dito com menos eufemismo, quando cair a ficha de que não mais estamos no Holoceno.

Ao mesmo tempo, impõe-se aqui sério aviso: na visão pré-analítica de Herman Daly há um grave problema, que só será apresentado mais adiante, no terceiro capítulo. Para evitar o suspense, vale antecipar que se trata da sempre complicada relação entre religiosidade e contribuições científicas.

Uma escola irmã?

Muitos não nutrem a mínima dúvida de que o pensamento econômico seja científico. Porém, é impossível encontrar alguma outra disciplina com comparáveis incertezas em seu próprio âmago, ou núcleo duro. Desde 1980, surgiram tantas — e tão profundas —, que não permitem, por enquanto, que se vislumbre decisiva e coerente alternativa à incurável ortodoxia, frequentemente chamada de "neoclássica".

Todavia, é preciso lembrar que os muitos engodos gerados por tudo o que tem sido taxado de "neoclássico" foram frutos de fortes convergências entre uma dúzia de prodigiosos pensadores, ao longo dos noventa anos que separaram as décadas de 1860 e de 1950.

Então, também parece possível se ter esperança de que uma real superação possa sair do forno ainda neste século. O que dependerá bastante da qualidade das sínteses propostas pelos principais projetos heterodoxos.

Nesse sentido, devem ser dos mais efusivos os aplausos a um manual que se propõe a apresentar o estado da arte de uma escola que deveria ser considerada irmã da "Economia Ecológica": o *Routledge Handbook of Evolutionary Economics*. Na primeira parte, 22 artigos abordam o que seriam suas inovações teóricas. Seguidos, na segunda, de outros 13 mais voltados às suas aplicações em políticas econômicas.

Pode parecer, então, que chegariam a 35 as mais relevantes dificuldades envolvidas no choque proposto pela concepção evolucionária contra o vetusto pensamento mecânico fissurado no equilíbrio. Felizmente, não é assim. Os quatro exímios organizadores do manual deixam claro que o excessivo número de capítulos não deve sugerir que exista mais do que meia dúzia de questões-chave. O que resulta numa escadinha de seis degraus.

No primeiro, estão os tópicos fundamentais da própria construção da teoria, segundo as propostas dos que seriam os grandes pioneiros. Não apenas Thorstein B. Veblen (1857-1929), Joseph A. Schumpeter (1883-1950), Friedrich A. Von Hayek (1899-1992) e nosso Kenneth Boulding (1910-1993), mas, também, a celebrada dobradinha de Richard R. Nelson (1930-) com Sidney G. Winter (1935-).

No segundo, surgem as bases ontológicas e metodológicas comuns para uma teorização evolucionária da economia.

O terceiro concentra tudo o que teria a ver com comportamento, capacitações e rotinas dos indivíduos e de unidades socialmente organizadas, como as empresas em ambiente coevolucionário.

O quarto é dominado pelos temas de macroeconomia evolucionária, que toma a economia como um sistema de conhecimento "multinível". Com base nas descobertas da microeconomia e em trabalhos sobre trajetórias evolucionárias, dependência de trajetória e setores industriais, a macroeconomia evolucionária pretende construir um edifício teórico que dê base às políticas econômicas.

E é, justamente, o que seria a concepção evolucionária da política econômica que ocupa o penúltimo degrau. Visa integrar diversas áreas e avançar propostas capazes de lidar com problemas atuais, como, por exemplo, os relacionados com a revolução digital ou com a crise ecológica.

Só lá no topo aparecem as questões propriamente pertinentes à Economia Política Evolucionária (EPE), como veículo para lidar com futuros desafios globais e de longo prazo. Ao expandir o âmbito espaçotemporal, a EPE analisaria o elo entre o econômico e o político e investigaria a economia global como o *locus* de geopolítica marcada por conhecimento e espaços globais em mudança.

O principal defeito desta singela escadinha está em quase esconder o que há de mais desafiador: a ponte que precisa ligar a economia evolucionária aos mais recentes avanços das pesquisas sobre complexidade.

É verdade que tal vínculo não deixa de se insinuar em alguns capítulos. Especialmente nos que enfrentam novos desafios metodológicos por destacarem a assimetria do tempo, em vez do tempo newtoniano convencional. E nos que lidam tanto com a historicidade de um passado irrevogável quanto com a de um futuro incerto.

Assim, nos capítulos 11 a 13 são propostas algumas soluções conceituais e metodológicas de modelagens computacionais evolucionárias. Baseiam-se em agentes e regras, combinando técnicas eletrônicas com reconstrução teórica, assim como formalização de contingência e causalidade.

Há bom realce para a promissora ferramenta que mais vem ajudando em análises de políticas públicas: os chamados "Modelos Baseados em Agentes" (ABM na sigla em inglês). Neles, um agente é um indivíduo ou objeto computacional autônomo com propriedades e ações específicas.

Nestas simulações, emergem certos padrões, como resultados entre agentes com características diversificadas. Ao contrário das modelagens tradicionais em que um equilíbrio final resulta de agentes iguais, com as mesmas características e regras de funcionamento.

Além disso, os ABM são mais fáceis de serem entendidos, pois partem de objetos individuais e regras simples de comportamento, em oposição aos modelos equacionais construídos a partir de símbolos matemáticos.

Mesmo assim, a publicação da Routledge é bem insuficiente sob o prisma epistêmico, justamente o que deveria ter sido sua principal vocação. Afinal, neste século, a fronteira do conhecimento passou a se situar nos nexos a serem estabelecidos entre evolução e complexidade.

Cabe perguntar se tão séria omissão poderia ter resultado de uma daquelas quase inevitáveis barbeiragens editoriais em operações tão complicadas quanto juntar — da melhor forma possível — três dezenas de irrecusáveis artigos. Única hipótese cabível, pois, com certeza, o quarteto organizador não teria como ignorar contribuições sobre a "ontologia da complexidade", como as que foram publicadas na revista que, há mais de trinta anos, concentra o pensamento desta corrente, o *Journal of Evolutionary Economics*.

De qualquer forma, a economia evolucionária não poderia dar conta de todos os indispensáveis desdobramentos divergentes do padrão convencional, ou neoclássico. No que se refere à sua já mencionada relação com a complexidade, o problema não poderia ser mais enroscado.

Outra "escola"?

É muito comum que se use o termo "complexo" para se referir a algo complicadíssimo, como programar software ou realizar cirurgia cardíaca. Mas são tarefas que se tornam quase brincadeira para alguém bem treinado para dominá-las.

Ao inverso, não há aprendizado por repetições que permita dar conta dos enigmáticos "fenômenos complexos". Por serem adaptativos — via evolução ou aprendizado — tendem a adquirir feições excessivamente contraintuitivas.

Você é muito mais do que o aglomerado das células de seu corpo, e elas muito mais que o amontoado das próprias moléculas. Mesmo quando comporta subjacentes simplicidades, o complexo é inesperado, pois são imprevisíveis os desenlaces de suas entranhas.

O que mais distancia o complexo do complicado é uma dupla de ações demasiadamente arredia à compreensão. Ela é formada pelo que foi batizado, há muito, de "auto-organização" e de "emergência".

Em bandos de pássaros ou cardumes de peixes, nota-se facilmente a geração de pujante ordem, a partir da desordem. Uma espontânea organização autônoma, que também parece ocorrer em certas dinâmicas inanimadas, como as dos cristais líquidos.

Estas "auto-organizações" costumam ser geradas por

"emergências", mas em sentido pouco comum: o de novidades qualitativas, surgidas da interação entre os componentes de um conjunto, mas ausentes em cada um deles.

Inúmeras na formação de um formigueiro ou no funcionamento de um cérebro, as emergências também são comuns em atividades humanas. Desde sofisticadas, como as sinfonias, até banais, como a montagem de uma mesa ou de um martelo. Suas resultantes proezas surgem da união das desprovidas peças.

Este par conceitual — auto-organização e emergência — costuma estar no cerne das definições de complexidade. Até parece uma condição *sine qua non*, embora haja quem afirme que o complexo nem sempre exiba a primeira.

Pesquisas pertinentes começaram nos anos 1940, mas só ganharam forte impulso a partir de 1984, com a criação do Santa Fe Institute, filhote do célebre Laboratório Nacional de Los Alamos, no Novo México (EUA). Stephen Hawking chegou a dizer — em entrevista de janeiro de 2000 — que a complexidade seria "a ciência" do novo século.

Porém, não demorou para que tanta empolgação arrefecesse, minimizando, a partir de 2010, o incentivo de agências públicas de apoio à pesquisa. Ao mesmo tempo, abandonou-se a ambição de se chegar a uma ciência, no singular. Em muitas direções, foram pululando "ciências" e "teorias" da complexidade.

Árduos esforços de mapeá-las resultaram em fracas tipologias. A melhorzinha propõe uma série de sete arquipélagos de teorias. Desde as duradouras e rivais cibernéticas e sistêmicas, até as mais badaladas na engenharia e na medicina, passando por um trio do barulho, formado pela computacional, pela de Kolmogorov e pela integrativa.

Tanta dispersão mostrou-se até bem mais farta em série de doze conversas *on-line*, no âmbito do Instituto de Estudos Avançados da Universidade de São Paulo (IEA-USP). Em vez de potenciais convergências ou eventuais *clusters*, só reforçou a sarcástica imagem de uma inexpugnável Torre de Babel.

Mas há quem considere possível superar tal dificuldade de modo bastante heterodoxo: admitir que — em vez de teorias "científicas" —, as teorias da complexidade se fundam em uma única teoria "matemática", como o cálculo diferencial integral.

Sob esse prisma, a teoria da complexidade ofereceria excelente alicerce para novas teorias científicas, desde que engenhosamente usada para explicar eventos que, além de envolverem muitos caminhos e destinos, apontam para múltiplos finais.

Inevitáveis aversões a esta brutal distinção entre dois gêneros de teorias — científica e matemática — talvez possam ser dirimidos pela lembrança de que a segunda nasce de axiomas e postulados, fornecendo o instrumental e a melhor linguagem para que a primeira chegue a boas hipóteses.

Como teoria matemática, a complexidade contribuiria decisivamente para o avanço das ciências, sem com elas se confundir. Conjectura que também decorre do fator que, decerto, mais favoreceu o avanço das pesquisas pertinentes: a computação.

Outra vantagem da referida distinção seria evitar modismos, como uma suposta "Economia da Complexidade". O que é possível, de fato, é estudar a complexidade presente "na" economia. Isto é, privilegiar pesquisas sobre a complexidade inerente a cada área do conhecimento, mas sem a criação de extravagantes subdisciplinas.

De qualquer forma, não parece razoável a ideia de que a complexidade venha a constituir uma terceira "escola irmã", na sequência da "Economia Ecológica" e da "Economia Evolucionária".

Entre as melhores candidatas, parece se destacar a "Economia Comportamental", como se verá a seguir.

Aos cutucões

Ao servir-se em algum *buffet*, qualquer mortal é fortemente influenciado pela maneira em que estiverem dispostos os pratos. Por isso, muito contribuirá para a saúde pública a cantina escolar que decidir dar mais espaço e realce às folhas, legumes e frutas, do que às salsichas, frituras e açucarados.

O usuário será induzido a não desprezar os alimentos mais saudáveis, sem redução de sua liberdade de escolha. Graças a um leve cutucão — ou *"nudge"* — que preserva sua prerrogativa de se empanturrar ao bel-prazer. Se acatar o estímulo, pode nem perceber que foi menos irracional que sua propensão.

Esta é a ilustração mais básica e mais repetida da tese conhecida por "paternalismo libertário", expressão que deveria ter sido o título do best-seller *Nudge*, antes da infeliz sugestão de um editor que, diante do manuscrito original da primeira edição (2008), optou pela asneira de dela declinar.

Ainda mais pitorescas haviam sido as circunstâncias em que emergira a própria expressão "paternalismo libertário", em 2003.

Como professor de Economia da Universidade de Chicago, Richard H. Thaler expôs a um imenso auditório de seu departamento o quanto adequados incentivos faziam com que as pessoas poupassem mais. Apoiando-se, claro, nos resultados de estudos experimentais da "Economia Comportamental", até ali desprestigiada.

O debatedor do *paper*, Casey Mulligan, que pertencia ao núcleo duro da paróquia de Chicago, encerrou seu comentário com a seguinte interrogação: não decorreriam de paternalismo as fortes evidências apresentadas?

Isso, num contexto em que ser taxado de paternalista

era muitíssimo pior do que ser acusado de marxismo, conta Thaler. Tão surpreso quanto embaraçado, lutando para encontrar palavras certas, deixou escapar: "Talvez devêssemos chamar isto, não sei, de paternalismo libertário".

Não demorou muito para realizar que a improvisada locução era bem melhor que as opções até então disponíveis: paternalismo assimétrico ou cauteloso, por exemplo. Assim, não sossegou até poder relatar sua epifania a seu coautor, o dileto colega da faculdade de Direito Cass R. Sunstein.

O resultado dessas conversas foi o texto "Libertarian Paternalism", que abriu caminho à legitimação. Apresentado, no início de janeiro de 2003, ao 115º Encontro Anual da American Economic Association, foi publicado em maio na *American Economic Review*.

Porém, tão bela imagem briga demais com as convicções dos que se entendem libertários. Nos Estados Unidos e na Grã-Bretanha, principalmente com seus ultraconservadores liberais. Por estas bandas, com o punhado de "anarcocapitalistas".

Mas, em geral, também com um amplo leque, que vai de autênticos anarquistas, com suas bandeiras negras, até os recentes "coletes amarelos", passando por inúmeros tons de vermelho, como mostrou o maio de 1968.

Também é frequente que a expressão paternalismo libertário seja denunciada como mero oximoro. Principalmente pelos que não admitem que contrários possam se nutrir um do outro, completando-se enquanto se opõem. Ou que veneram o raciocínio "se é isto, não pode ser aquilo", rejeitando qualquer "também", "do mesmo modo" ou "ao mesmo tempo".

De resto, se a tese de paternalismo libertário fosse tão vulnerável, com certeza Richard H. Thaler não teria sido o Nobel de Economia de 2017, quinze anos depois da bitolada ironia do pobre Mulligan. Mais: está exatamente na contradição entre liberdade e autoridade a ideia mais tocante do livro *Nudge*.

Foram poucas as mancadas da edição inicial, de 2008, corrigidas nesta última que será a "definitiva", como incansavelmente repisa a dupla Thaler-Sunstein. Uma delas mostra bem a dificuldade de se prever a evolução institucional, mesmo com boas pesquisas interdisciplinares sobre comportamentos humanos.

Sobre a proibição de casamentos entre pessoas do mesmo gênero, em 2008, a dupla havia dedicado todo o capítulo 15 para dizer que a melhor saída seria acabar com os monopólios de organizações estatais e religiosas. Sequer sonhavam com o que iria acontecer, em vez da privatização dos matrimônios.

Agora dizem ter tido agradável surpresa e ter adorado a adoção da saída bem mais simples, que prevaleceu. Mas não chegam a reconhecer que pecaram por bairrismo. É bom lembrar que, nos Estados Unidos, em 2008, até Barack Obama proclamava aos quatro ventos ser contra este tipo de expansão das liberdades.

Só que Obama virou a casaca em 2012, três anos antes do OK da Suprema Corte. Mais 17 países foram na mesma linha até 2019. A Noruega, já em 2008; Suécia e México, em 2009; Argentina, Islândia e Portugal, em 2010; Dinamarca em 2012; Brasil, França, Inglaterra, País de Gales e Nova Zelândia, em 2013; Finlândia e Irlanda, em 2015; Alemanha e Austrália, em 2017; e Áustria em 2019.

Agora, os casamentos unigênero são legais em mais de trinta países. Mas, até 2008 — ano da primeira edição do *Nudge* — não passavam de quatro: Holanda desde 2000, Canadá e Espanha desde 2005, e África do Sul desde 2006. Então, até é bem razoável a justificativa apresentada nesta peremptória edição.

Infelizmente, não é o que pode ser dito sobre um outro

sério tropeço, em capítulo que quase dobrou de tamanho, dedicado ao aquecimento global, intitulado "Salvando o planeta" (antes o 12°, agora o 14°).

Nesta versão, a dupla Thaler-Sunstein assumiu de vez a ideia lançada, em 1968, pelo ecólogo Garrett Hardin, em artigo na revista *Science*, que ficou famosíssimo: "The Tragedy of the Commons". Para eles, isto até seria um "conceito" e muito usado pelos economistas, bem antes de 1968.

Mais: chegam a dizer que o "remédio" para tal tragédia seria a "coerção aceita pelos envolvidos", deixando de lado qualquer veleidade libertária, ou, até mesmo, paternalista. O célebre artigo de Hardin, que é flagrantemente autoritário, para não dizer totalitário, será comentado no quinto capítulo deste livro.

Só que, além de tão chocante incoerência, a dupla foi capaz de omitir o fato de que a oprimente hipótese de Hardin encontrou cabal refutação nas pesquisas da cientista política Elinor Ostrom, a primeira das duas mulheres já agraciadas com um Prêmio Nobel de Economia (2009).

Os autores teriam prestado imenso serviço — a seus leitores e à Ciência — se tivessem explicado como seria possível rejeitar as evidências colecionadas por Elinor Ostrom para demonstrar que bens comuns podem, sim, ser conservados. E sem a tal coerção que apresentam como um "remédio" para a "tragédia".

Será que nem notaram que nos bons dicionários de Economia o verbete sobre a suposta "tragédia dos comuns" foi redigido por Elinor Ostrom? Também não ficaram sabendo o que disseram os responsáveis pelo Prêmio Nobel de 2009?

"Uma compreensão adequada da cooperação humana requer uma análise mais matizada das motivações individuais, especialmente em relação à origem da reciprocidade."

Ao ignorarem tanta coisa, Thaler e Sunstein perderam excelente oportunidade para serem mais persuasivos. Não só sobre o próprio âmago do best-seller, ainda mais sobre o conjunto "Economia Comportamental".

Porém, mais do que um exemplo isolado, o que revela o desconhecimento da contribuição de Ostrom pelos líderes da "Economia Comportamental" é que, quando se tenta entender o que andou surgindo de novo no âmbito do pensamento econômico, o que se encontra é, certamente, muito mais do que as discórdias expostas neste primeiro capítulo.

2.
CIZÂNIA

Temas como "capitalismo", "civilização", "criatividade" ou "dialética" não apareceram no capítulo anterior, embora sejam recorrentes entre pensadores da Economia. É por eles, então, que o leitor fica convidado a não saltar este segundo capítulo por pressa de logo chegar ao que mais interessa.

Começando pelo mais difícil, o melhor é advertir que, há muito, deixou de ser razoável referir-se à dialética, no singular. Nem tanto por se tratar de ideia que mudou da água para o vinho, ao longo de 2.500 anos. Muito mais devido à proliferação, nos dois últimos séculos, de inúmeras modalidades, versões e interpretações. Pior, engendrando discussões filosóficas tão babélicas que até grandes pensadores optaram por considerá-la discurso inválido e ilegítimo.

Porém, existem poucas noções tão relevantes no âmbito do que se pode entender por "lógicas". Apesar da forte erosão imposta, principalmente, por soviéticos, maoistas e simpatizantes, o que sobreviveu permanece essencial, em muitas áreas do conhecimento.

Para constatá-lo, basta uma busca no Google. Saltará aos olhos que o núcleo duro e força propulsora dos movimentos dialéticos é a "contradição", que alguns preferiram chamar de "tensão". Isto é, a ideia de que contrários podem se nutrir um do outro, completando-se enquanto se opõem.

Qual poderia ser um bom exemplo? No âmbito evolucionário, antes de tudo, o da relação entre continuidade e descontinuidade. São coisas simétricas, mas é muito raro (se houver) algum fenômeno dinâmico em que elas não sejam simultâneas.

Em geral, não há como entender os movimentos e suas transições supondo-se que "isto não pode ser aquilo". Quase sempre, só se pode entendê-los por preferência ao "também", ao "do mesmo modo" ou ao "ao mesmo tempo".

Esta questão é das mais decisivas para a compreensão das principais dinâmicas históricas da Terra. O mais comum é considerar que elas sejam três: a inorgânica (físico-química), a da vida (biológica) e a humana (cultural). Não tem cabimento a ideia de que sejam três compartimentos estanques, sem transições marcadas por continuidades e descontinuidades. Porém, há quem troque tais dialéticas pelo obscuro fetiche da "transcendência", ao se referir à passagem de uma dinâmica à seguinte.

Também é discutível a visão de que só sejam três as grandes dinâmicas históricas da Terra. Principalmente, porque o "processo civilizador" é tão diferente da "natureza humana", quanto a biologia é da física, ou a cultura, da biologia. Então, mesmo que a melhor teoria sobre a evolução tenha sido proposta para a segunda dinâmica — a da vida —, talvez também possa ser verdadeira, mesmo que de outras maneiras, para a dinâmica precedente (inorgânica) e para as subsequentes (natureza humana e processo civilizador).

Desde o fim do século XIX, houve quem admitisse tal hipótese. Mas foi só a partir dos anos 1980 que surgiu um movimento intitulado "darwinismo universal", mas que não durou muito. Seus restos mortais estão no website do misterioso pesquisador D. B. Kelley: <https://universalselection.com>.

Um grande exagero, com certeza, pois a teoria darwiniana só é cabível para fenômenos que sejam amplamente diversos, múltiplos e coletivos. Por isso, a melhor alternativa tem sido a proposta, mais modesta, de um "darwinismo generalizado". Nesse caso, a melhor referência é a obra do economista britânico Geoffrey Hodgson, especialmente no livro *Darwin's Conjecture* (University of Chicago, 2010).

O que foi dito acima não esgota, claro, os desentendimentos sobre o nexo entre evolução e dialéticas. Também há, por exemplo, uma espécie de vício em se deixar de lado, ou simplesmente ignorar, os dois tipos de contradições não antagônicas, em que os opostos se reproduzem em movimentos que podem ser ondulatórios ou embrionários. Além disso, também continuam muito na moda os filósofos que rejeitaram a ideia de que alguma contradição (ou tensão) possa existir fora da mente humana, o que chega a escandalizar muitos cientistas.

Capitalismo

Os pesquisadores das Ciências Sociais que previram o fim do capitalismo foram bem mais numerosos do que se imagina. Em grande maioria, também torciam para que a virada chegasse o quanto antes. Contudo, vários simpatizantes de tal "sistema socioeconômico" também se empenharam em explicar por que descartavam a hipótese de imortalidade.

Entre os primeiros, é óbvio que estão Marx e grande parte de seus seguidores, entre os quais, hoje, se destacam Wolfgang Streeck, John Bellamy Foster e Slavoj Zizek. Mas, também, escreveram sobre o término do capitalismo teóricos de outra estirpe, como John Stuart Mill, Max Weber, John Maynard Keynes e Joseph Schumpeter. Ou mesmo Daniel Bell, Peter Drucker e Jeremy Rifkin.

Todas essas especulações sugerem que tentar entender a longevidade e as variedades desse regime pode ser bem mais profícuo do que especular sobre a eventual transição para outra ordem, formação social ou modo de produção. O que leva à excelente pergunta de pesquisa: será que os erros das muitas profecias não ajudariam a identificar os mais fortes trunfos "sistêmicos"?

Foi a aposta do historiador Francesco Boldizzoni, ao longo dos quinze anos de sua formação acadêmica, da Universidade de Milão (Bocconi) à de Cambridge. O resultado está no livro *Foretelling the End of Capitalism: Intellectual Misadventures since Karl Marx*, lançado pela Harvard University Press em 2020.

O título não esclarece a principal ambição: descobrir os atributos que poderiam explicar a resiliência do capitalismo com base em escrutínio das predições contrárias. Balanço crítico precedido por admirável descrição analítica das que pulularam desde 1848, quando a própria expressão "capitalismo" foi criada pelo revolucionário francês Louis Blanc (1811-1882).

Panorama bem organizado, em quatro capítulos que separam: incipientes antevisões apocalípticas; renovações no intervalo entre as duas grandes guerras mundiais; mudanças durante a súbita e curta "Idade de Ouro"; e guinadas nestas décadas de "fim da história".

É até difícil dizer se o melhor está em tão saborosa inspeção histórica das conjecturas dos que se aventuraram a vaticinar, ou no subsequente ousado exercício de procurar dela extrair alguma luz sobre as razões da própria robustez do "sistema". Porém, a decorrente hipótese sobre os porquês de tanto vigor, com certeza, não fica à altura das duas proezas precedentes.

A minuciosa revisão de Boldizzoni levou-o a atribuir a pujança do capitalismo à combinação entre "hierarquia" e "individualismo".

A estrutura hierárquica da sociedade capitalista estaria mantendo a lógica de dominação que caracterizou as relações sociais na Antiguidade e sob o sistema feudal. Ao mesmo tempo, o individualismo (relações humanas mais apoiadas em contrato do que em laços de solidariedade) seria a forma particular assumida — em sua variante ocidental — por longo processo que começou no início do período moderno.

Todavia, mesmo que fundamental, não parece ser a dobradinha entre hierarquia e individualismo o que mais diferenciou o capitalismo de todas as formações sociais anteriores — não só na mencionada sequência escravista-feudal, de quase toda a Europa, mas nas muitas outras. Bem superior tem sido sua fenomenal capacidade de gerar, com inédita rapidez, inovações sinérgicas, articuladoras de tecnologias e instituições.

A combinação cultural apontada por Boldizzoni está longe de dar conta das mudanças de arranjos evolutivos complexos, engendradas em quase dois séculos. Foram e têm sido tantas, que é dificílimo listá-las: macromutações que vão da máquina ao conhecimento, dos lucros aos dividendos, do tangível ao intangível, do custo proporcional ao custo marginal zero, ou do nacional ao global.

No provocador livro *Pós-capitalismo: um guia para o nosso futuro*, traduzido pela Companhia das Letras, em 2017, o brilhante jornalista britânico Paul Mason até defendeu um plano para acelerar a transição que já estaria sendo impulsionada pela tecnologia da informação. Esta, "longe de criar uma forma nova e estável de capitalismo, está dissolvendo-o" (p. 177).

A pergunta que não pode ser evitada é sobre a importância relativa dos desdobramentos biogeofísicos de todas estas mudanças. Afinal, o conhecimento científico já avançou o suficiente para que tenha se tornado obrigatório discutir o advento do Antropoceno, posterior aos muitos milênios do Holoceno.

Será que, nesta nova Época, emergirão — a tempo — as inovações institucionais e tecnológicas capazes de regenerar a biodiversidade, terrestre e oceânica, que começaria pela descarbonização das sociedades? Se sim, o quanto e como alterarão o insigne fôlego de sete gatos do capitalismo?

Os mais preocupados com tais perguntas costumam insistir na ideia de que, a rigor, estaria em curso uma grave crise de ordem "civilizatória", muito mais abrangente e historicamente decisiva que o porvir do capitalismo. A ideia é sedutora, mas exige discussão sobre a história das civilizações e sobre o conceito de "processo civilizador".

Civilização

É impossível encontrar mais otimismo sobre o processo civilizador do que nos calhamaços publicados pelo psicólogo cognitivo Steve Pinker. Prometeanista, ele acha irracional qualquer preocupação com riscos existenciais, desqualificando, liminarmente, quem leve a sério temores como os expostos, por exemplo, pelo físico Martin Rees ou pelo filósofo Nick Bostrom.

Muitos atribuem tal panglossianismo de Pinker à sua orientação liberal-conservadora. Porém, um dos principais expoentes desta corrente do liberalismo — o historiador Niall Ferguson — não poderia ter sido mais cético em suas quatro obras do mesmo período.

Ele descreve, de forma persuasiva, como estaria se dando a "grande degeneração" do Ocidente. Repetindo, *ad nauseam*, a previsão de abrupto colapso por conta da reinante "pusilanimidade". Para Ferguson, pior do que riscos de guerra nuclear são os de graves pandemias ou do degelo das calotas polares.

Então, a tendência de Pinker parece melhor explicada pela exorbitante primazia dada à dimensão psicológica da aventura humana. Só enxerga crescente emprego da razão, da inteligência e da engenhosidade, combinadas a também gradativos altruísmo e empatia.

Tudo muito bonito, mas na contramão do amplo avanço investigativo dos historiadores contemporâneos, ao rechaçarem algo bem comum no passado: a propensão à linearidade teleológica, denominada "historicismo filosófico". Hoje, abominam a ideia de que os eventos estejam destinados a se desdobrar em determinada trajetória. Na realidade, muitas forças operam ao mesmo tempo, gerando concomitância de progresso, regressão e estase.

É este o recado de dezessete professores de História, das melhores universidades do mundo, na coletânea *The Darker Angels of Our Nature: Refuting the Pinker Theory of History & Violence* (Bloomsbury, 2021). Seus organizadores — Philip Dwyer e Mark S. Micale — declaram que a euforia de Pinker é incompatível com o tumulto do mundo, destacando as desigualdades na saúde, desastres naturais decorrentes da mudança climática, corrupção governamental, poluição urbana mortal e desmatamento acelerado.

Felizmente, também há quem seja quase tão otimista quanto Pinker, mas sem negar a importância dos riscos existenciais. Bom exemplo é o do prolífico futurólogo Jeremy Rifkin. Chega a prever a derrocada da "civilização dos combustíveis fósseis" por volta de 2028, inaugurando calamitoso período, que duraria somente um decênio. Atingindo, indistintamente, os três grandes blocos geopolíticos liderados por Estados Unidos, União Europeia e China.

Sem fazer comparáveis prognósticos, o historiador Yuval Noah Harari também ressalta que os três grandes desafios deste século — mudança climática, inteligência artificial e biotecnologias — serão, inevitavelmente, globais. Pois "só existe uma civilização no mundo", diz a sexta de suas *21 lições para o século 21*. As poucas remanescentes têm se mesclado numa única civilização global.

Não difere muito o pensamento do centenário Edgar Morin ou as ideias de outros polímatas, como Vaclav Smil e Jared Diamond. Este último aponta quatro graves adversidades civilizacionais, em ordem decrescente de importância: explosões de armas nucleares, mudança climática, depleção de recursos naturais e desigualdades dos padrões de vida. Mas admite que outros acrescentariam mais quatro: fundamentalismo islâmico, emergentes doenças infecciosas, colisão de asteroide e extinções biológicas em massa.

Quem mais diverge da proposição sobre uma única civilização global são os notáveis historiadores da ciência Naomi Oreskes (Harvard) e Erik M. Conway (Caltech). Em ensaio publicado pela Columbia University Press, em 2014, *The Collapse of Western Civilization: A View from the Future*, a dupla "psicografa" o relato de um futuro historiador sobre a ruína da "civilização ocidental". Mais precisamente, sobre o "Período da Penumbra" (1988-2073), que haverá de levar ao "Grande Colapso" climático (2073-2093).

O imaginário historiador começa por enfatizar inédita particularidade na derrocada do grupo de nações que se entendeu como Civilização Ocidental. Ao contrário dos términos de sociedades anteriores — como a bizantina e a romana, a maia e a inca —, no século XXI as gravíssimas consequências de seus comportamentos eram previsíveis. E foram previstas.

Houve, porém, notável exceção. A China, onde um poderoso governo centralizado agiu com muita firmeza, desde que a elevação do nível dos mares começou a ameaçar suas áreas costeiras. Rapidamente, construiu cidades, vilas e vilarejos em áreas seguras, reassentando mais de 250 milhões de pessoas. A operação foi dificílima, mas com taxa de sobrevivência superior a 80%.

Não poderia ser pior o cerne deste recado do par Oreskes-Conway. Ao menos para os que têm a democracia como valor universal e, consequentemente, execram qualquer indulgência com o totalitarismo. Como é o eufemístico discurso sobre "ambientalismo autoritário" ou "autoritarismo verde", que estaria abrindo caminho à "civilização ecológica".

Em todas estas divergências sobre a dinâmica do "processo civilizador" e, mais ainda, em todas as especulações sobre futuros civilizacionais, um dos principais pressupostos só pode estar, evidentemente, nos mistérios que cercam a capacidade criativa dos humanos e as possíveis inovações decorrentes.

Criatividade

Apesar de seu incomensurável alcance, a criatividade — como objeto de pesquisa — tem obtido muito menos incentivos públicos do que mereceria. Mesmo assim, houve três nítidos avanços, desde as pioneiras incursões dos anos 1950.

Tudo começou com a ideia de investigar a personalidade de indivíduos extraordinariamente criativos. Em seguida, já nos anos 1970-1980, a atenção migrou para o estudo das dinâmicas mentais mais características do comportamento criativo. Desde então, os pesquisadores passaram a se dedicar, cada vez mais, à criatividade coletiva.

Ao contrário do ocorrido nas duas primeiras fases, quando tudo cabia no âmbito disciplinar — da psicologia, em geral, à psicologia cognitiva —, o caráter sociocultural da terceira exigiu ampla interdisciplinaridade, com predomínio de Humanidades científicas, como antropologia, história e sociologia.

Disso tudo, decorreram as duas mais aceitas definições de criatividade. Para a versão mais individualista, nada além da expressão de uma nova combinação mental. Já para a visão sociocultural, não basta que haja algo novo. Também é preciso que seja considerado útil e valioso por expressivo grupo social.

Só a segunda definição se aplica à ideia de inovação, cada vez mais valorizada. Mesmo que a maioria dos estudiosos de negócios esteja tentando restringi-la à execução bem-sucedida de uma novidade, ela é parte essencial das pesquisas sobre a criatividade sociocultural.

Além disso, a dicotomia individual/coletiva se dissipa ou é superada em classificações de uns cinco tipos de criatividade: a expressiva, a produtiva, a inventiva, a inovadora e a emergente. Ou, mesmo, mediante uma espécie de filtro, apelidado de "os quatro Ps": produtos, pessoas, processos e pressões.

Desde dúvidas sobre o potencial de intervenções lúdicas em ambiente escolar, até promissoras pesquisas científicas colaborativas, há uma lista de quinze desafiantes interrogações para a continuidade das investigações sobre o assunto.

Um bom exemplo é o do raciocínio analógico associado a inúmeros avanços criativos. Os pesquisadores confessam não entender patavina dessas "manipulações criativas de analogias". Pior: ainda inseguros sobre as diferenças entre a criatividade *off-line* e *on-line*, esses mesmos pesquisadores já se defrontam com a necessidade de avaliar as metamorfoses trazidas pela inteligência artificial.

Assim como a linguagem, as ferramentas tecnológicas predispõem a que sejam favorecidas e valorizadas certas perspectivas e realizações. Com o acúmulo de informação e conhecimento — sendo armazenados e facilmente encontrados *on-line* —, a resolução de problemas e a criatividade podem ser ainda mais críticas.

As grandes perguntas são semelhantes para todas as tecnologias. Quais características ou qualidades são inerentes a uma ferramenta para influenciar o que se faz com ela? Como uma ferramenta permite enxergar o mundo? O que se poderia fazer com isso que não se poderia de outra forma? O que isto significa para a criatividade humana?

Também há questões ainda bem carentes de mais estudos empíricos. Por exemplo, a escrita colaborativa — como a *"fanfiction"* — ou o teatro improvisado. Daí a importância de duas publicações bem recentes, de 2024, que expõem as muitas tentativas de enfrentar tais perguntas ou lacunas. Ambas de parcerias de notáveis veteranos da área, com jovens professoras universitárias.

Pela Oxford University Press, R. Keith Sawyer (keithsawyer.com) e Danah Henriksen, da Universidade Estadual do Arizona, propuseram uma terceira versão, bem didática, no best-seller *Explaining Creativity: The Science of Human Innovation*, desta vez com 593 páginas.

Para a editora Palgrave MacMillan, Robert J. Sternberg (robertjsternberg.com) e Sareh Karami, da Universidade Estadual do Mississippi, montaram uma rica coletânea, com vinte artigos inéditos, de mais trinta de seus colegas, em *Transformational Creativity: Learning for a Better Future*, 407 páginas.

Estas duas avaliações do estado da arte em criatividade sugerem que as pesquisas vindouras continuarão muito influenciadas por controvérsias nascidas em alguma das grandes etapas precedentes. A mais importante talvez seja a que opõe defensores e críticos da hipótese de uma dinâmica histórica marcada pela retenção seletiva de novidades geradas por variações aleatórias.

Tal hipótese tem sido taxada de darwiniana e identificada — desde 1960 —, pelo acrônimo BVSR, referente a *"blind-variation and selective-retention"* (variação-cega e retenção-seletiva). O que só poderia ter provocado mal-entendidos, tanto por reduzir a célebre tríade da conjectura de Darwin a mera dicotomia, quanto por confundir aleatoriedade com cegueira.

Mesmo assim, não parece haver contribuições mais instigantes sobre o laço entre criatividade e inovação do que as do psicólogo Dean Keith Simonton, professor emérito da Universidade da Califórnia-Davis. Além de ser um dos autores da citada coletânea, discutiu o status epistêmico da BVSR no periódico *Creativity Research Journal* (vol. 35, nº 3, 2023, pp. 304-23).

O problema é que não há laço entre criatividade e inovação que possa afastar o pessimismo. Quem acompanha os avanços científicos sobre clima, biodiversidade e oceanos tem todo o direito de cultivar sérias dúvidas sobre as possibilidades de melhoria de bem-estar, ou qualidade de vida, da humanidade. As evidências autorizam prognósticos dos mais agourentos.

O que está sob ameaça?

Nada mais frustrante do que ver observadores bem informados se referirem à "sobrevivência" ou "destino" do "planeta". Até onde já foi possível descobrir, ele estará bem "a salvo" por mais uns cinco bilhões de anos.

Ao contrário, é das mais incertas a condição de sua delicada biosfera. Esta, sim, muito sujeita aos comportamentos humanos. Bem menos durável que o planeta é a vida que ele abriga. Especialmente em ecossistemas dos quais mais dependem os humanos.

Pergunta menos precária poderia ser: como tenderá a se comportar a biosfera até seu fim, quando o Sol aumentar a temperatura da superfície da Terra o suficiente para secar os oceanos e expelir a atmosfera? Com certeza, bem antes disso, mesmo hipotéticos ciborgues já teriam migrado em busca de planeta mais hospitaleiro.

Porém, o que realmente interessa nada tem a ver com

tais dúvidas e especulações cosmológicas, por mais indispensáveis que sejam. A melhor pergunta parece ser esta: neste século, poderia melhorar a vida dos humanos?

Será pavoroso continuar a evoluir no jeitão das últimas oito décadas. Tal cenário para 2100 foi apelidado de "pouquíssimo e tarde demais" (TLTL, em inglês). Contudo, a depender de algumas poucas, mas drásticas, reviravoltas, até seria possível chegar à alternativa de um "salto gigante" (*"giant leap"*, GL).

São cinco as variáveis essenciais que determinarão o quanto o mundo rumará para um destes dois primeiros cenários: a expansão demográfica, o crescimento econômico medido pelo Produto Interno Bruto, a temperatura média global, o evoluir das desigualdades socioeconômicas e o resultante bem-estar médio, que primeiro subirá e depois cairá, em ritmo oposto à tensão social.

Também são cinco as ambiciosas exigências para uma aproximação da melhor hipótese, de um salto gigante: eliminar a pobreza, reduzir as desigualdades socioeconômicas mediante melhoria das condições de vida da maioria trabalhadora, promover sóbrios padrões de consumo, deter o aquecimento global e estancar o declínio da biodiversidade.

Evidentemente, a modelagem capaz de monitorar estes dois grandes conjuntos de prospectivas recebeu críticas e contestações. Sobretudo, devido à incredulidade de que possa vir a surgir multilateralismo e governança global suficientes para impedir a ultrapassagem dos limites ecossistêmicos na busca de prosperidade.

Nesta postura — caracterizada por cética prudência —, o que realmente importa é conseguir mapear um caminho que não leve à mencionada ultrapassagem (*"overshoot"*). A preocupação é com a escala física da economia global.

As projeções vistas como panglossianas costumam prever aumentos dos fluxos materiais responsáveis pelas pressões sobre os ecossistemas que variam entre 15% e 30% até 2073. Isto, segundo os mais críticos, seria certamente "horrendo", especialmente para os desvalidos do Sul Global.

Para evitar tão elevados aumentos dos fluxos materiais, eles dizem que seria necessária uma redução do ritmo do crescimento econômico global, medido pelo PIB. Ao menos até meados do século, quando ele até poderia se estabilizar em patamar 30% superior ao nível de 2023. Este é o âmago de um terceiro cenário, oposto aos dois primeiros, batizado de "Escape".

O atual momento geopolítico está dando inúmeras indicações de que são inviáveis, tanto este cenário de escapada quanto a aposta em reviravoltas, que levariam a um gigantesco salto. Parece inevitável ter como muito mais provável a perspectiva de que se consiga bem menos. Agora, tentar saber se não será mesmo "pouquíssimo e tarde demais", é algo fora de alcance.

Isso não quer dizer que os exercícios mencionados acima possam ser desdenhados. Ao contrário, mesmo que ainda não tenham atraído a legião dos fãs do "crescimento verde", já servem de referência nos debates entre adeptos do "decrescimento" e defensores de uma "prosperidade sem crescimento".

Baixando a bola

Qual poderia ser o efeito da prática "ESG" vinculada aos objetivos da Agenda 2030? Ótima resposta surgiu em artigo sobre as empresas das companhias abertas listadas na [B][3], publicado na *RGO* (*Revista Gestão Organizacional*), por pesquisadores da Unichapecó (Mazzioni *et al.*, 2023).

São as empresas com altos desempenhos "concomitantes" em ESG e ODS que alcançam as melhores reputações e apresentam os melhores índices *"market-to-book"*, conforme o jargão da contabilometria.

Mas a dobradinha ESG-ODS — que também incita as empresas a alcançarem bons desempenhos na dinâmica da descarbonização —, ainda escapa até a bons observadores da prática ESG. A relação com os ODS foi solenemente ignorada, por exemplo, no relatório *KPMG ESG Yearbook Brasil 2023*.

O *Financial Times* chegou a qualificar de "perversa" a falta de correlação entre boas notas em ESG e intensidade de carbono. Mesmo quando só se leva em conta a parte ambiental dessas pontuações.

O pior é que executivos, aparentemente sagazes e instruídos, acusam a ESG de inflacionária e os ODS de utópicos. Só demonstram o quanto prestigiados quadros podem ser, simultaneamente, míopes e bitolados.

Sim, é provável que possa ser inflacionária parte das imprescindíveis medidas de descarbonização. Tanto quanto poderão vir a ser intensamente deflacionários os primeiros sinais de superação da matriz fóssil.

Quem ataca as ambições do movimento ESG-ODS dá força ao que há de mais sombrio no mundo atual. Quem, ao contrário, deseja que as sociedades deixem de ser tão carentes, desiguais e antiecológicas, só pode incentivar o que o pessoal de Chapecó chamou de "concomitâncias".

Mas, no Brasil, há dois sérios obstáculos.

Primeiro, porque o universo empresarial é muito maior do que a nata formada pelas companhias abertas listadas na [B]³. O desafio é conseguir que as demais tomem os rumos dos ODS, além de aprenderem a prática ESG.

Segundo, porque ainda é frouxa a valorização da Agenda 2030 no Brasil.

Houve um excelente começo, visto que o IBGE esteve entre as organizações que mais ajudaram na própria concepção e arranjo dos ODS, durante preparativos internacionais pré-2015.

Embora a representação do Itamaraty nas Nações Unidas tenha chegado a vacilar, isto não impediu que o Brasil acabasse por assegurar à Assembleia Geral, em setembro de 2015, sua firme adesão à agenda dos "5 Ps": pessoas, planeta, prosperidade, paz e parcerias.

Só que Pindorama já entrava em uma de suas piores crises. Foi entre o início de dezembro de 2015 e o fim de agosto de 2016 que se concentraram os procedimentos do impeachment da presidente Dilma Rousseff, deixando ínfimo espaço político para preocupações com ODS.

Mesmo assim, boas iniciativas puderam vingar, entre as quais se destaca o trabalho do IPEA para a nacionalização das metas da Agenda 2030 ou a concepção de uma Comissão Nacional dos ODS (CNODS), "com a finalidade de internalizar, difundir e dar transparência à sua implementação".

Apesar de só ter sido formalizada em outubro de 2016, já no governo Temer, ela até elaborou um "plano de ação", que foi para o lixo com a posse do presidente eleito em 2018, Jair Bolsonaro. No quadriênio seguinte, os ODS mal subsistiram em pautas de entes subnacionais, de entidades do terceiro setor, de algumas empresas e de raros acadêmicos. O governo Lula-3 começou a juntar os cacos.

Mais distantes ainda

Também estão bem distantes do conteúdo do capítulo anterior as obras que mais têm sido recomendadas por grandes influenciadores da área econômica, sejam eles o decano jornalista Martin Wolf, o *Financial Times*, veículo de suas avaliações, ou o próprio Bill Gates. Mas os problemas de fundo permanecem os mesmos.

Um bom exemplo são dois títulos que, à primeira vista, nem parecem muito próximos, mas com longos subtítulos que indicam a idêntica ambição de propor um guia para evitar que o próximo degrau do Antropoceno seja trágico:

Bjorn Lomborg: *Best Things First: The 12 Most Efficient Solutions for the World's Poorest and Our Global SDG Promises* (Primeiro as melhores coisas: as 12 soluções mais eficientes para os mais pobres do mundo e nossas promessas globais dos ODS).

Paddy Le Flufy: *Building Tomorrow: Averting Environmental Crisis with a New Economic System* (Construindo o amanhã: como prevenir a crise ambiental com um novo sistema econômico).

A diferença é que o primeiro aponta uma dúzia de balas de prata globais, enquanto o segundo só enaltece meia dúzia de iniciativas locais com potencial de fazer emergir o que seria um "novo sistema econômico".

Já os autores, não poderiam estar mais distantes. O dinamarquês Bjorn Lomborg, hoje com quase 60 anos, obteve grande visibilidade, quando, aos 37, lançou o polêmico best-seller internacional O *ambientalista cético* (editora Campus, 2002). Cientista político, tornou-se professor de estatística desde seu doutorado em teoria dos jogos.

Em 2004, foi quem liderou a criação do Copenhagen Consensus Center, graúdo *think tank* dedicado à recomendação de políticas pró bem-estar global, ratificadas por primorosas análises de custo-benefício. Antes de serem publicadas no *Journal of Benefit-Cost Analysis*, da Cambridge University Press, elas são submetidas a um time de economistas de primeira linha, que inclui uns cinco prêmios Nobel.

Bem distante de tão sofisticado laboratório, desponta o promissor debutante Paddy, com o raríssimo sobrenome Le Flufy. Graduado em matemática em Cambridge, passou a ter vida dupla desde a obtenção do título de contador pela

KPMG de Londres. Um semestre no sistema financeiro e outro em lugares dos mais remotos, para viver com pessoas das mais exóticas.

Aprendeu muito com camponeses moçambicanos e com os caçadores-coletores Hadza, na Tanzânia, antes de ir para a floresta amazônica, para mais um ano de aprendizado junto a outros povos originários, graças a prêmio da Royal Geographical Society. Desde 2015 se reassentou em Londres, para produzir o novo livro.

Apesar de caminhos tão radicalmente distintos, os dois autores têm propósito comum. Enquanto Lomborg luta para melhorar a gestão dos recursos financeiros disponíveis para imediata ajuda ao desenvolvimento do Sul Global, Le Flufy se empenha em descobrir "tecnologias organizacionais" para mudança da ordem sistêmica.

Mas é claro que o ultra pragmatismo do primeiro sobre o possível desempenho da metade mais pobre do mundo discrepa completamente do caráter de certa forma especulativo — por vezes, até "sonhático" — das investigações relatadas pelo segundo.

No centro das preocupações de Bjorn Lomborg estão as propostas e metas das duas históricas agendas da Assembleia Geral da ONU para impulsionar o desenvolvimento: em 2000, a "Declaração do Milênio", que logo depois gerou 8 objetivos — ODM — a serem alcançados em 2015. E a sucessora "Agenda 2030", que deu muito mais ênfase ao desafio da sustentabilidade, expandindo os objetivos — dos agora ODS —, para 17.

Embora reconheça que a dinâmica de elaboração da segunda — Agenda 2030 — foi incomparavelmente mais ampla, participativa e democrática, Lomborg se empenha em mostrar que tanta legitimidade acabou por ser um tiro pela culatra. Como os já excessivos 17 ODS teriam 169 supostas metas, a montanha teria parido um rato.

Mesmo que isto até combine com o que dizem muitos dos que querem o sucesso da Agenda 2030, é preciso deixar bem claro que o tão repetido número "169" corresponde aos parágrafos que explicam o significado de cada um dos 17 ODS. Se fossem metas, precisariam vincular alguma variável a uma data, o que só ocorre com pequena parte.

De qualquer forma, é válida a ambição de Bjorn Lomborg, pois quer mostrar quais foram os ODM mais facilmente cumpridos em 2000-2015 e sugerir quais políticas trariam resultados mais rápidos e com menos custos. Quis apontar quais são os melhores alvos para se alocar os recursos governamentais e filantrópicos reservados ao desenvolvimento sustentável.

Depois de minuciosas comparações, chegou a 12 propostas concretas, atingíveis, relativamente baratas e eficientes. Se adotadas, anualmente seriam salvas 4,2 milhões de vidas, com um investimento de 35 bilhões de dólares. Simultaneamente, a metade mais pobre do mundo elevaria sua renda em um trilhão de dólares.

Um respaldo para tamanha ambição foi dado pelo desempenho dos ODM entre 2000 e 2015. Nesses quinze anos, em que dobrou o montante das ajudas ao desenvolvimento, a mortalidade infantil caiu quase pela metade. Ao contrário dos fracassos da dúzia de declarações adotadas pela ONU ao longo de toda a segunda metade do século XX.

As propostas de Lomborg começam por rápida erradicação da tuberculose, que ainda mata mais de um milhão de pessoas por ano. Mesmo que as tendências demográficas não ajudem, diz ser possível reduzir em 1,5 milhão o revoltante "pedágio" das mortes por doenças crônicas. Tão importante quanto aumentar a produtividade agrícola e colocar todas as crianças na escola, duas outras de sua dúzia de *"best things"*.

É importante ressaltar que a referida "metade mais pobre do mundo" corresponde a 4,1 bilhões de pessoas, perto de 50% da população mundial. É formada pelas nações de baixa e média renda *per capita*. As primeiras são 28, em sua maioria na África, com 700 milhões de habitantes. As outras são 54, com 3,4 bilhões de vidas humanas, um terço na Índia.

O jovem Paddy Le Flufy abre seu livro com visão mais otimista da Agenda 2030, mas para compará-la a recentes relatórios sobre as preocupantes vicissitudes da biosfera, em vez da vencida Declaração do Milênio, como faz Lomborg. Sem deixar de ressaltar a estimativa do Banco Mundial de que 700 milhões de pessoas foram empurradas para a extrema pobreza em 2022.

Também ressalta a existência de ao menos três corporações que já estariam bem adiantadas na transição ao que seria o tal novo sistema: uma fabricante inglesa de veículos chamada Riversimple, a manufatura holandesa de smartphones da marca Fairphone e a bem conhecida Patagonia, do ramo de roupas e acessórios esportivos, empresa doada em 2022 para um fundo de combate ao aquecimento global.

Com certeza são dois livros que merecem muita atenção, mesmo que nenhuma das duas trilhas corresponda à mais provável trajetória do desenvolvimento, seja na esfera global, adotada por Lomborg, seja nas diversas escalas nacionais e subnacionais privilegiadas por Le Flufy.

Não se dará a mínima atenção às propostas de Lomborg nas discussões sobre o pífio andamento da Agenda 2030, que terão extraordinários momentos nos fins de setembro, em Nova York, quando ela pauta os líderes do mundo.

Ainda mais improvável é que, nos próximos anos, razoável parte dos mais decisivos atores do desenvolvimento local cheguem a tomar conhecimento dos conselhos de Le Flufy. E, se o fizerem em meados deste século, descobrirão uma miríade de obstáculos a serem superados para que possam começar a ser postos em prática.

Mesmo assim, tanto o ultrapragmatismo de Lomborg, quanto as cativantes aspirações de Le Flufy são ingredientes fundamentais da primeira utopia do Antropoceno, o querido desenvolvimento sustentável, temas enfrentados mais adiante, no quinto capítulo.

A PRINCIPAL DISCREPÂNCIA

Se a pretensão for evitar que seja trágico o próximo degrau do Antropoceno, como interpretar o pernicioso contraste entre o já trintão reconhecimento da necessidade de combater o aquecimento global e tantos louvores coletivos a abusos de energia fóssil, somados a soberbas violações de direitos humanos, atuais e futuros?

Boa parte da resposta poderia estar no livro *Rápido e devagar* (Objetiva, 2012), do psicólogo Daniel Kahneman (1934-), Nobel de Economia em 2002, sobre as "duas formas de pensar" que dominam decisões supostamente racionais. Para a assinatura da Convenção-Quadro das Nações Unidas sobre Mudança do Clima (UNFCCC), em 1992, foram rapidíssimos os diplomatas de quase todos os países do mundo. Mostram-se, contudo, de atroz lentidão as almejadas mudanças normativas e comportamentais.

Um didático paralelo histórico para estudar tal discrepância talvez pudesse ser a admissão da necessidade de restrições ao tabagismo. Vale lembrar que, sobre saúde, o primeiro tratado internacional vinculante foi justamente a Convenção-Quadro da OMS para o Controle do Tabaco (WHO-FCTC), em vigor desde 2005. Os fumantes caíram de 27% para 20% da população mundial, mantendo estável seu número absoluto: 1,1 bilhão de pessoas. Das quais 7 milhões morrem a cada ano.

Parece ainda mais pertinente, no entanto, a contribuição

de Douglass C. North (1920-2015) — também Prêmio Nobel de Economia, em 1993 — exposta em livro de 1990: *Instituições, mudança institucional e desempenho econômico* (Três Estrelas, 2018). São particularmente úteis dois entrelaçados conceitos: "inércia institucional" e "dependência da trajetória".

O primeiro ajuda a entender a imensa dificuldade de se superar costumes, rotinas e códigos, mesmo bem depois de se revelarem descabidos. O segundo serve para ressaltar que o curso inicial de uma mudança costuma tornar inexequíveis soluções que poderiam ser mais eficientes.

As inércias institucionais das comodidades oferecidas pelos usos e abusos das energias fósseis são abissais. Mesmo assim, a festejada Convenção do Clima começou com a ilusão de ser possível avançar mediante decisões que exigiriam a concordância de quase duzentos países, em vez envolver apenas os mais responsáveis, para, só depois, ir recebendo adesões dos demais. Como já havia feito a anterior e exitosa Convenção de Viena para a Proteção da Camada de Ozônio em 1985.

Então, o paralelo histórico mais apropriado talvez não seja o do tabagismo, mas sim o da luta pela abolição da escravatura. Precedente que permite encarar com esperança a busca por uma solução capaz de abreviar a era fóssil e impulsionar a transição para uma economia de baixo carbono.

Se não houver guerra nuclear — cujas consequências são absolutamente imprevisíveis —, com certeza as emissões de gases de efeito estufa serão minimizadas, ainda neste século, em circunstâncias sociais e políticas comparáveis às da emancipação dos escravos ao fim do século XIX.

São duas feridas essencialmente éticas, cuja demorada cicatrização se deve a inércias culturais só superáveis por obra de oportunismos econômicos capazes de engendrar rupturas políticas, tão corajosas quanto traumáticas.

Por isso, é aconselhável aos que se empenham contra o aquecimento global que revisitem a história dos movimentos sociais pela libertação dos escravos, dando particular atenção às razões de suas derrotas e sucessos parciais, durante o meio século que precedeu as abolições, desencadeadas pelo Império Britânico, em 1833.

Nada melhor, nesse sentido, do que o empolgante livro do jornalista Adam Hochschild: *Enterrem as correntes: profetas e rebeldes na luta pela libertação dos escravos* (Record, 2007). Todos os passos, minuciosamente descritos, reforçam a hipótese de que a descarbonização só receberá um decisivo impulso quando os governos das grandes potências forem persuadidos, por argumentos práticos e patrióticos, das vantagens de mudarem de modo radical seus planos de segurança energética baseados em petróleo e carvão.

Seria o término desta longa agonia da era fóssil, mesmo que ainda fosse necessário algum tempo para que se globalizasse. Sem um fato de tal natureza, nada de momentoso poderá sair das conferências das partes (COP).

Até lá, será inevitável continuar a engolir o blá-blá-blá sobre uma imaginária "neutralidade carbono" de eventos como os da F1 e da Fifa, em meio à enxurrada de propagandas corporativas enganosas, com as promessas, cada vez mais lúdicas, de "Net Zero em 2050".

É ínfima a credibilidade de quase todas as iniciativas empresariais do gênero, como bem mostra o site do "Net Zero Tracker" (https://zerotracker.net).

Para os mais interessados neste tema, há, ao menos, mais uma relevante sugestão de leitura: *Abolishing Fossil Fuels: Lessons from Movements That Won*, de Kevin A. Young, pela editora norte-americana PM Press/Spectre (2024).

Duas feridas éticas

Foi em 1988 que surgiu o Painel Intergovernamental sobre Mudança Climática (IPCC). Decisão que saiu de célebre conclave, cujo título realçava as implicações das mudanças atmosféricas para a "segurança global".

A rigor, seria possível dizer que a seriedade da questão climática é admitida há mais de meio século, pois foi em 1972, em Estocolmo, o evento internacional que divulgou o clássico *Study of Man's Impact on Climate* (MIT/RSAC). Porém, a Convenção do Clima demorou bastante, só sendo firmada em 1992, no Rio de Janeiro.

Era de esperar que a descarbonização estivesse, agora, avançando a passos largos. Em vez disso, o governo da França se vê forçado a consultar sua população sobre esforços de adaptação à possibilidade de mais 4 graus!

No mínimo, a expectativa era de não mais haver fissura por novos investimentos nas energias fósseis. Então, cabe perguntar se existe algum precedente histórico que forneça motivo de otimismo, malgrado tanta morosidade na procura de solução que encurte a agonia da era fóssil e acelere a passagem à sociedade de baixo carbono. A resposta é positiva, pois, como já dito acima, a dinâmica tem sido idêntica à que pôs fim à escravidão.

Os lucros das plantações britânicas das Índias estavam no coração da economia, como hoje estão os das energias fósseis. Os pioneiros do abolicionismo — principalmente "quakers" ingleses — não ignoravam que parecia impossível a tarefa à que tinham se proposto.

Afinal, praticamente todos os britânicos, de peões a bispos, aceitavam a escravidão como algo inteiramente normal. Viviam num país em que parecia impensável uma economia sem escravos, tanto quanto parece hoje uma economia sem petróleo.

As taxas alfandegárias sobre o açúcar cultivado pelos escravos constituíam imensa fonte de renda para o governo. Dependia do tráfico a própria vida de centenas de milhares de marinheiros, mercadores e construtores de navios.

Em tais circunstâncias, como levar a opinião pública a pressionar o parlamento, se nem tinham direito a voto todas as mulheres e 95% dos homens? Manchester já era a segunda maior cidade do país, mas não tinha sequer um representante na Câmara dos Comuns, enquanto um determinado vilarejo contava com dois.

Enfim, chega a ser inacreditável que — apenas vinte anos depois de sua primeira reunião —, os abolicionistas tenham conseguido a proibição do tráfico. E, trinta anos depois, o fim da escravidão. Em tal dinâmica, foi decisiva a contribuição de James Stephen (1758-1832), um dos principais advogados marítimos do Império Britânico. Sua experiência no mundo do comércio internacional lhe deu o instrumento decisivo para a luta em favor da abolição. Sua aversão ao escravismo foi cuidadosamente mantida em segredo, e seus argumentos eram práticos e impecavelmente patrióticos.

Atraiu, de forma sub-reptícia, o apoio de um poderosíssimo *lobby* com o projeto de que também os navios com bandeiras neutras — não apenas da França, Holanda e Espanha — se tornassem atacáveis. Sob o sistema de "recompensa", tanto militares da Marinha como tripulações de navios particulares tinham o direito de compartilhar o valor dos navios e das cargas saqueadas.

Esta era a maneira com que os oficiais sonhavam ficar ricos e seus marinheiros imaginavam poder complementar seus magros vencimentos. Com grande habilidade, Stephen evitava se referir à natureza da carga que quase todos esses navios transportavam: escravos.

Quem poderia ter, hoje, papel equivalente ao que Stephen desempenhou no processo de abolição da escravatura?

Várias instituições globais poderiam conduzir esses doze trabalhos de Hércules do século XXI. Mas é difícil imaginar alguma mais vocacionada do que a Unesco, por ser a que mais aproxima ciências e Humanidades, além de ter sido pioneira e de vanguarda em cinquenta anos de lerda conscientização ecológica.

Ótima evidência está no livro *A terceira margem: em busca do ecodesenvolvimento*, do saudoso Ignacy Sachs, traduzido em 2009 pela Companhia das Letras. Com certeza, seria Sachs o primeiro a arregaçar as mangas.

3.
DÁDIVA

Os economistas foram avisados, há muito, que a humanidade — assim como a vida — é uma dádiva do Sol. Porém, continuam em minoria os que assumem o liame da evolução com a entropia ou da biologia com a termodinâmica.

Permanece largamente majoritária a visão de economia afastada da energia e matéria de seu ambiente. Ao pensarem nos produtos, insumos e dinheiro que circulam entre empresas e famílias, estudantes de Economia continuam a ser persuadidos de que podem e devem deixar de lado a biosfera.

Neste sentido, é muita sorte que, desde 2010, esteja disponível, em português, uma obra que explica muito bem o surgimento dos primeiros alertas de que o processo econômico nem sequer seria possível sem a entrada de recursos naturais e a saída de resíduos.

O livro *A natureza como limite da economia*, de Andrei Cechin, professor do Departamento de Economia da UnB, dá explicações bem minuciosas dos fundamentos expostos neste terceiro capítulo.

Precursores

Incipientes investidas na relativização das virtudes do crescimento econômico precisam ser lembradas, pois apontaram negativos efeitos colaterais que, até ali, nem sequer eram notados, ainda menos divulgados ou discutidos. Antecipando as mais teóricas, dirigidas aos próprios economistas, voltaram-se mais à consciência coletiva ou à opinião pública.

Foram algumas passagens da vasta obra de John Maynard Keynes (1883-1946) que exerceram forte influência sobre um dos mais populares autores do século passado: John Kenneth Galbraith (1908-2006). Entre eventuais campeões da categoria divulgação científica, certamente está seu best-seller internacional, de 1958, *The Affluent Society*.

Uma de suas mais fortes tiradas já anunciava o novo ambientalismo, que emergiria alguns anos depois. Nela, Galbraith diz que a família típica da classe média americana podia ter um lindíssimo automóvel, com ar-condicionado, direção hidráulica e freios elétricos. Mas que, para usá-lo, passaria por cidades mal pavimentadas e tornadas horríveis por lixo, prédios destruídos, outdoors e postes para fios que deveriam ter sido, há muito tempo, enterrados.

Mais: faria piquenique com comida primorosamente embalada e em geladeira portátil, mas perto de riacho poluído. Passando a noite em parque que era uma ameaça à saúde pública e à moral. Pouco antes de cochilar sobre algum colchão de ar, debaixo de uma tenda de náilon, em meio ao fedor de lixo em decomposição, talvez refletissem vagamente sobre a curiosa desigualdade de suas bênçãos.

Já na trilha mais teórica — de crítica ao próprio pensamento econômico de meados do século XX —, a dianteira coube, somente em 1967, a Ezra J. Mishan (1917-2014). Parece ter sido ele o inventor da expressão *"growthmania"*, título do primeiro capítulo do seminal *The Costs of Economic Growth*.

Todavia, nem Mishan pode ser comparado a autores que tiveram alguma presciência da histórica mudança no processo civilizador que estava sendo provocada pela colossal aceleração do crescimento econômico em meados do século XX.

Daí a necessidade de bem distinguir as já citadas contribuições anunciadoras ou precursoras, das que foram realmente pioneiras.

Pioneiros

O principal — Kenneth E. Boulding (1910-1993) — já foi bem celebrado no primeiro capítulo deste livro, ao serem destacadas algumas ideias-chave de seu livro *O significado do século XX: a grande transição*.

Em 1964 ele já concluíra que estava ocorrendo uma segunda grande transição do processo civilizador, considerando que a primeira havia sido a passagem do paleolítico para a urbanização, mediada pela aldeia neolítica. Alertava para "armadilhas" que poderiam impedi-la ou atrasá-la.

Dedicou à entropia todo o sétimo capítulo, sem deixar de lembrar que, à primeira vista, o processo evolutivo pode parecer contrário a tal princípio geral de potencial decrescente. Mas que este pode ser descrito como utilização de energia que afasta entropia.

Assim, muito embora o princípio do potencial decrescente esteja deslocando o Universo no sentido de um caos crescente, o processo evolutivo cria mais ordem em alguns pontos, enquanto, em outros, cria menos. É isto que chama de "segregação de entropia".

Em estruturas sociais e econômicas, a entropia se manifesta de outras formas, sendo a mais evidente a dispersão ou concentração de material. Há processos entrópicos que dispersam material concentrado e processos antientrópicos que concentram material disperso. A mineração é o melhor exemplo de processo entrópico

"Retiramos carvão e petróleo do subsolo e queimamo-los. Reduzindo-os assim a substâncias químicas menos abundantes como o dióxido de carbono, que é então disseminado pela atmosfera e pelos oceanos. Retiramos o minério de ferro das minas, produzimos com ele o ferro e o aço, e finalmente dispersamos esses produtos por incontáveis entulhos, em fragmentos oxidados, pela face do globo. Exploramos fosfatos e potássio em minas e a descoberto, incorporamo-los aos alimentos e expelimo-los dirigindo-os para os rios, e finalmente para os oceanos" (p. 89).

Não pode continuar indefinidamente tal processo de dispersão, sendo possível, assim, encarar de forma sinistra o crescimento econômico.

"Em termos de tempo geológico, todas as reservas conhecidas de minérios e combustíveis serão gastas num abrir e fechar de olhos. Mesmo em termos de história humana, nas taxas atuais de consumo, as reservas conhecidas terão sido exauridas em sua grande parte em alguns séculos" (p. 90).

Além disso, o problema dos materiais está longe de ser único. Também existe o da energia.

"Podemos evitar um aumento da entropia e da desorganização no sistema importando energia do exterior. [...] O problema da energia pode, portanto, ser menos grave do que o dos materiais, embora de modo algum devamos pensar que já tenha sido solucionado" (p. 91).

Tais citações foram pinçadas de um texto cheio de especulações que, nem sempre, parecerão cabíveis ou razoáveis aos que o estejam lendo sessenta anos depois. Outras, ao contrário, até foram proféticas e bem apropriadas no intuito de mostrar que Boulding foi, com certeza, o primeiro economista a pressentir, aventar ou mesmo "farejar" o Antropoceno.

Desbravador

Logo depois, a relação da economia com a segunda lei da termodinâmica seria magistralmente aprofundada em obras do irascível Nicholas Georgescu-Roegen. Também já foram feitas menções a ele nos aperitivos do primeiro capítulo, mas absolutamente insuficientes para que se possa ter a mínima ideia do peso de sua contribuição teórica ao pensamento econômico.

NGR estava próximo da aposentadoria, na Universidade Vanderbilt, no Tennessee, onde lecionou de 1949 a 1976, quando bradou aos economistas que deixassem de ignorar a segunda lei da termodinâmica: a energia passa de forma irreversível e irrevogável da condição de disponível para a de não disponível.

As atividades econômicas aceleram tal processo ao transformarem energia concentrada (baixa entropia) em formas de calor, que, de tão dissipadas, são inutilizáveis (alta entropia).

Como qualquer outra espécie, principalmente animal, a humana só persiste graças à exploração dos elementos de baixa entropia dos recursos naturais. Para progredir teve que fazê-lo de forma cada vez mais intensiva.

No longo período em que só avançaram práticas produtivas agrossilvopastoris, foram muitas as sociedades que colapsaram devido a falhas metabólicas no relacionamento com a natureza. Tal processo entrópico passou a ser exacerbado com o crescimento econômico moderno, via extração da baixíssima entropia contida em carvão, petróleo e gás.

É praticamente certeza de que algum dia a humanidade voltará a explorar de maneira bem mais direta a energia solar. Mesmo assim não terá como evitar a dissipação dos materiais usados pelas atividades industriais, o que acabará por exigir a superação do próprio crescimento econômico.

A partir de então, o desenvolvimento humano dependerá da retração econômica, ou decréscimo do produto: decrescimento em vez de crescimento. O contrário do sucedido a partir da descoberta e domínio do fogo, e particularmente ao longo da última dúzia de milênios, desde que a seleção de espécies para a produção de alimentos não cessou de artificializar a relação da humanidade com a natureza.

Tão incômoda reflexão teve que ser escondida. Até simples referências a NGR passaram a ser banidas a partir de 1976. O autor do tão celebrado livro *Analytical Economics* (1966) teria se embrenhado pela obscura Ecologia, disciplina que — até aquele momento — era tão suspeita para os economistas quanto a quiromancia.

Por muito tempo, quase todos os economistas — ortodoxos ou não, de direita, de esquerda ou de centro — conspiraram para que as teses de NGR nem sequer fossem conhecidas. Principalmente devido ao seu caráter evolucionário, em choque aberto com o mecânico equilibrismo do pensamento convencional.

Ironia da história, essas mesmas teses orientam o que hoje há de mais promissor na pesquisa econômica de fronteira. Tanto tempo após sua condenação ao ostracismo, não há como fingir que NGR jamais existiu. A excomunhão acabará por ser revista, principalmente devido às crescentes evidências sobre o Antropoceno.

A obra de Nicholas Georgescu-Roegen vem sendo resgatada, aos poucos, nos EUA, na Europa e no Japão. Malgrado inevitável colisão com o modelo que une todas as correntes: a visão do processo econômico como algo circular e isolado do ambiente.

Assimilar o processo econômico a um modelo mecânico é admitir o mito segundo o qual a economia é uma espécie de carrossel que, de nenhuma maneira, afeta o ambiente composto de matéria e de energia.

Em tal visão, não há necessidade de integrar o ambiente no esquema analítico do processo. E a oposição irredutível entre mecânica e termodinâmica vem do segundo princípio, a lei da entropia.

Para que o tão badalado desafio da "sustentabilidade" possa ser discutido com algum rigor, nada mais aconselhável do que as oito normas do sarcástico "programa bioeconômico mínimo", formulado por NGR em 1976.

"Primeiro, banir totalmente não apenas a própria guerra, mas a produção de todo e qualquer instrumento que tenha essa finalidade. Segundo, ajudar os países menos desenvolvidos a obter existência digna, mas em nada luxuosa, com a maior rapidez possível. Terceiro, reduzir progressivamente a população mundial até um nível no qual uma agricultura sem petróleo baste à sua conveniente nutrição. Quarto, evitar todo e qualquer desperdício de energia — se necessário por drástica regulamentação — enquanto se espera que se viabilize a utilização direta de energia solar, ou que se consiga controlar a fusão termonuclear. Quinto, curar a sede mórbida por bugigangas extravagantes, para que cesse a sua produção. Sexto, acabar também com essa doença do espírito humano que é a moda, para que fabricantes se concentrem na durabilidade. Sétimo, investir pesadamente na concepção de mercadorias que sejam as mais duráveis. Oitavo, reduzir o tempo de trabalho e redescobrir a importância do lazer para uma existência digna."

O sarcasmo decorre da plena convicção de que tal programa jamais poderia ser adotado. Afinal, não resta dúvida de que a humanidade já tenha escolhido uma existência bem mais curta, embora fogosa, em vez de permanência longa, mas vegetativa.

Deixemos outras espécies sem ambições espirituais — as amebas, por exemplo — herdar o globo terrestre ainda abundantemente banhado pela luz solar.

Em suma, é inexorável que um dia o desenvolvimento venha a ter um encontro com a realidade e deixe de ter como medula o crescimento econômico.

Iniciador

Embora tenham sido Boulding e NGR os pioneiros de um pensamento econômico mais próximo da ideia de Antropoceno, não foram eles que deram início ao que hoje se entende por "Economia Ecológica", a corrente que, em princípio, parece a mais afinada com a nova Época. Quem o fez foi Herman Daly (1938-2022), também sucintamente apresentado no primeiro capítulo.

São ínfimos os ali citados escritos de Herman Daly disponíveis em português, se comparados ao seu imenso legado bibliográfico em inglês, muito bem documentado na, também já referida, biografia escrita por Peter A. Victor (2022). Dos 75 trabalhos listados, apenas dois foram traduzidos no Brasil.

Mesmo assim, as 630 páginas de uma dessas duas exceções — o livro *Economia ecológica* (2016), em coautoria com Joshua Farley, já citado — talvez sejam suficientes para que se forme uma boa ideia de suas principais contribuições. Algo que, ao mesmo tempo, complica bastante a escolha do que deve ser dito aqui.

De qualquer forma, a principal originalidade de Daly foi, sem dúvida, partir da ideia de NGR sobre a inevitabilidade de um futuro decrescimento para propor algo supostamente menos longínquo. E o fez mediante resgate da clássica ideia de John Stuart Mill (1806-1873) sobre possibilidade de uma "condição estável" (*steady state*).

Mais precisamente, a proposta teórica de que a economia, como subestrutura em equilíbrio dinâmico com a biosfera que a sustenta, possa vira a passar do "crescimento quantitativo" a um "desenvolvimento qualitativo" (p. 614).

Três metáforas de Daly podem contribuir para elucidar o que poderia ser esse melhor estágio da economia: a da biblioteca abarrotada, a da vela que queima devagarinho e a da cozinheira neoclássica.

Para que uma biblioteca abarrotada adquira um novo livro é aconselhável que este seja melhor do que o que lhe abrirá espaço, a ser escolhido entre os de inferior qualidade. A segunda metáfora equipara a economia a uma vela acesa, para traduzir a forte necessidade de se prolongar, ao máximo, a sua queima.

Já a terceira é uma boa piada sobre o raciocínio dominante entre os economistas. Se uma cozinheira pensasse como eles, tentaria substituir a falta de farinha por uso mais intensivo do liquidificador. Afinal, eles acham que capital substitui recurso natural. Até chamam este último de "capital natural".

A economia ecológica de Herman Daly foi o assunto de uma conversa entre Beatriz Saes, do Departamento de Economia da Universidade Federal de São Paulo, e Ademar Romeiro, professor sênior do Instituto de Economia da Unicamp, em vídeo do IEA-USP, disponível no YouTube.

Ambos foram presidentes da seção brasileira da International Society of Ecological Economics (ISEE) e têm familiaridade com a obra de seu principal iniciador. Concordaram que esta mostrara plena maturidade no livro de 1996, *Beyond Growth*.

A sétima e última parte desse livro tem uma introdução (pp. 261-5) e dois capítulos. O 14º é dedicado ao que seria um "princípio econômico bíblico" (pp. 266-80) e o 15º, ao desenvolvimento sustentável, "de *insight* religioso a princípio ético e a política pública" (pp. 281-93).

A mensagem é que eventual melhora das condições de

vida de futuras gerações exigirá a seguinte trinca religiosa: "uma mudança de coração, uma renovação da mente e uma saudável dose de arrependimento". Mais: o livro termina com a seguinte ideia: precisamos ter a coragem de perguntar como Isaías: "Não há uma mentira em minha mão direita?".

Não poderia ser mais flagrante, portanto, o contraste entre tamanho idealismo beato e o arraigado materialismo das análises de NGR. Mesmo assim, nada que tenha causado desconforto no movimento de ideias em favor de uma "economia ecológica". Ao menos, durante trinta e cinco anos.

Porém, em julho de 2024, partiu do sétimo presidente internacional da ISEE (2010-2011), John Gowdy, uma crítica tão cáustica à visão pré-analítica de Daly, que ela será dificilmente assimilada pelos economistas ecológicos.

Em coautoria com Lisi Krall, publicou artigo que apresenta Daly como um ferrenho criacionista. Mais: os autores afirmam que seriam criacionistas os próprios fundamentos da sua "economia da condição estável". Está no número 108 da *Real-World Economics Review*: "The Creationist Foundations of Herman Daly's Steady State Economy".

Então, é muito importante separar a questão da religiosidade de Herman Daly — sobre a qual nunca houve dúvida — da influência que ela pode ter tido na justificativa de sua tese sobre a necessidade de um *steady state*".

O artigo de Gowdy e Krall demonstra cabalmente que Daly foi, sim, um desavisado negacionista da teoria darwiniana. Ao contrário do que acontece com muitos outros pensadores cristãos, foi levado a rejeitar um dos principais pilares da ciência contemporânea, principalmente por esta ser "materialista". Seu idealismo era bem profundo.

A pergunta que fica, contudo, é se a ideia de uma eventual "condição estável" sofreria desse mesmo mal ou se também poderia ser uma razoável hipótese sob o prisma materialista.

Administrar a economia global como se fosse uma "biblioteca cheia", na qual qualquer nova entrada dependa de equivalente descarte quantitativo pressupõe a possibilidade de que os humanos possam atingir elevadíssimo grau de discernimento coletivo. A rigor, uma visão "paradisíaca".

No fundo, é uma recusa da hipótese de Nicholas Georgescu-Roegen, referida acima, sobre uma efêmera existência humana. Uma opção por permanência curta, mas fogosa, em que a Terra, ainda sob a luz solar, seria deixada para as amebas, por exemplo.

Entendida nestes termos, a incompatibilidade entre as ideias de NGR e de Daly é de ordem metafísica, assim como tantas outras especulações sobre o futuro, especialmente de longo prazo.

Felizmente, são bem menos especulativos os debates atuais sobre crescimento econômico.

Antepassados

Ao afirmar que Daly foi o iniciador da "Economia Ecológica", não se confunde, aqui, tal corrente, institucionalizada no fim dos anos 1980, com o que tem sido entendido como "pensamento econômico ecológico", evidentemente bem mais antigo. Tal distinção — há muito iluminada por trabalhos de Clive Spash (1999, 2017, 2020) — recentemente ganhou explanações de ainda maior fôlego.

Um recente livro de Marco P. Vianna Franco e Antoine Missemer, *A History of Ecological Economic Thought* (2023), analisa ideias de grande importância, vinculadas à observância dos princípios das ciências naturais — desde o Renascimento e o Iluminismo até o final da década de 1940 —, nos contextos ocidental e eslavo. Combinando abordagens de figuras acadêmicas independentes e comunidades científicas, o livro propõe uma visão que fazia muita falta na escassa literatura sobre o pensamento econômico ecológico.

O mesmo deve ser dito sobre a coletânea organizada pelo professor Vitor Eduardo Schincariol, da UFABC, para a editora Routledge (2024): *Environment and Ecology in the History of Economic Thought*. Nela, os destaques começam por alguns clássicos e chegam até os recentes "economistas do desenvolvimento", depois de uma parte intermediária dedicada a alguns dos "pós-keynesianos".

O que claramente separa tais antepassados da atual "Economia Ecológica" é que a crítica epistemológica de NGR foi sobre a ideia convencional de se considerar o processo econômico como um fenômeno mecânico, independente do lugar e do tempo histórico.

Para a mecânica — que analisa o movimento, as variações de energia e as forças que atuam sobre um corpo —, inexiste diferença entre passado e futuro. A mecânica parte do princípio de que espaço e tempo não são afetados, independentemente de onde, como e por que ocorrem os fenômenos. O que ela entende por espaço e tempo não é no sentido de lugar/local e tempo cronológico, mas sim "distância indiferente" e "intervalo de tempo indiferente".

O segundo e mais importante livro de NGR — *The Entropy Law and the Economic Process*, de 1971 — é dedicado quase exclusivamente a mostrar a diferença irredutível entre a mecânica e o segundo princípio da termodinâmica: a lei da entropia.

NGR mostrou aos economistas que a raiz dessa distinção está no coração da própria física, entre a mecânica e a termodinâmica. Mostrou que, do ponto de vista físico, a economia não pode ignorar o tempo histórico, pois a produção econômica é uma transformação entrópica.

A primeira lei da termodinâmica — a da conservação da energia — não serve para entender por que cubos de gelo derretem sobre uma superfície quente. Sem a segunda — a da entropia — não se entende por que o calor sempre flui de objetos mais quentes para mais frios, em processo considerado "espontâneo".

Para que haja trabalho — no sentido físico — é imprescindível que haja discrepância entre temperaturas. Assim, o conceito de trabalho, na física, é entendido como processo ou maneira "de transferir energia em ação coerente".

Toda transformação energética envolve produção de calor que tende a se dissipar. Considera-se calor a forma mais degradada de energia, pois, embora parte dele possa ser recuperada para algum propósito útil, não se pode aproveitá-lo totalmente por causa de sua tendência à dissipação.

É o que diz a lei da entropia: a degradação energética tende a atingir um máximo em sistemas isolados e não é possível reverter tal processo. O calor tende a se distribuir de maneira uniforme e calor uniformemente distribuído não pode ser aproveitado para gerar trabalho.

A qualidade da energia — em âmbito isolado — tende a se degradar, tornando-se indisponível para a realização de trabalho. Daí a forma embrionária da entropia estar na ideia de que as mudanças no caráter da energia tendem a torná-la inutilizável. A relação entre a energia perdida ou desperdiçada — que não pode mais ser usada para realizar trabalho — e a energia total do fenômeno é considerada a entropia produzida.

Diz-se que algum fenômeno é "isolado" quando não pode trocar matéria nem energia com seu exterior. Estritamente falando, apenas o Universo atende a tal exigência. Por isso, desde o século XIX, duas ideias estiveram no centro das formulações das leis da termodinâmica: a) a energia do Universo é constante; b) a entropia do Universo tende a um máximo.

Dádiva 101

Tempo

Envolve o tempo a ideia de que "em âmbito isolado a entropia nunca decresce", pois isto significa que a entropia aumenta conforme o tempo flui pela consciência do observador. Como nenhuma outra lei distingue o passado do futuro, apenas a segunda lei da termodinâmica define a "flecha do tempo", explicando a direção de todos os processos física ou quimicamente espontâneos.

O segundo princípio afirma que um sistema só pode estar orientado a uma única direção do tempo, justamente porque não há como voltar à maneira como foi, se seu caminho envolve dissipação de calor. Tal lei provocou uma revisão drástica no sentido da energia e sua conservação, enquanto muitos físicos tentavam negar que algo de fundamental houvesse mudado.

A admissão, aparentemente inócua, de ser uma lei o fato de que "por si só, o calor sempre flui do corpo mais quente para o mais frio", gerou um problema epistemológico, que demorou a ser resolvido. A mecânica não consegue lidar com o movimento unidirecional do calor porque admite que todos os movimentos sejam reversíveis.

A peculiaridade dos fenômenos mecânicos corresponde ao fato de as equações não mudarem ao sinal da variável "t", de tempo. Não há passado nem futuro. É possível, portanto, opor duas categorias de fenômenos: locomoção reversível e entropia irreversível. Na natureza, processos reversíveis são exceção, enquanto processos irreversíveis constituem a regra. Enquanto aqueles mantêm a entropia constante, estes a aumentam.

Todavia, como a única maneira de agir diretamente sobre a matéria é puxando ou empurrando, não é difícil entender por que, desde o surgimento da termodinâmica, os físicos tenham se desdobrado em esforços para reduzir o fenômeno do calor à locomoção. O resultado acabou sendo uma termodinâmica conhecida como "mecânica estatística".

Na mecânica estatística, as leis da termodinâmica foram absorvidas da mesma maneira que originalmente enunciadas. Porém, mudaram os significados dos conceitos básicos. O calor consiste em movimento irregular das partículas, que são tratadas como qualitativamente iguais, pois apenas suas coordenadas mecânicas — posição e *momentum* — são levadas em conta.

Se o calor não fosse nada além de locomoção no nível molecular, poderia estar sujeito às leis ortodoxas da locomoção, que são por sua vez temporal-reversíveis.

Entropia e evolução

Em suas formulações iniciais, o segundo princípio dizia respeito a arranjos isolados, que tendem à máxima entropia. Isto é, a um equilíbrio termodinâmico, quando as forças que provocam mudanças estão completamente ausentes, o que depende de temperatura uniforme.

A condição de que tal arranjo deva ser isolado é compreensível, pois se matéria ou energia pudessem entrar e sair, não seria possível constância ou aumento constante. Por outro lado, praticamente todos os arranjos costumam ser fechados ou abertos, e não isolados.

Os ambientes fechados são os que trocam energia, mas não matéria, com o exterior. Enquanto os abertos podem trocar ambos. Qualquer arranjo aberto pode diminuir sua própria entropia. Todavia, como ele é um subconjunto, o decréscimo de sua entropia deve ser acompanhado por aumento na entropia de algo maior, no qual está inserido, de tal forma que a entropia total aumente.

Os que estudaram a eficiência energética, na Europa do

século XIX, ficaram tão impressionados com a predição da segunda lei da termodinâmica, de aumento da entropia em conjuntos isolados, que estenderam essa ideia para o Universo inteiro.

Mas tais conjuntos da termodinâmica clássica eram isolados artificialmente pelos cientistas. Os conjuntos que conseguem manter um padrão de organização — como as mais diversas formas de vida — são abertos e existem em áreas de fluxo energético.

Não teria diminuído a entropia na Terra com o surgimento e evolução de todas as formas de vida? A vida demonstra uma tendência evolucionária contrária à tendência inexorável de a energia perder sua capacidade de realizar trabalho até chegar ao equilíbrio termodinâmico.

Um dos temas mais enfatizados no livro clássico de Erwin Schrödinger, *What is Life? The Physical Aspect of the Living Cell* (1944), é a capacidade da vida se manter, expandir e reproduzir em um mundo sujeito à lei da entropia. Ele quis explicar a contradição de a vida resistir temporariamente à tendência universal de degradação entrópica.

Como os organismos se perpetuam, e até aumentam sua organização, em Universo que tende à morte térmica? A resposta foi que os organismos existem, crescem e aumentam sua organização importando energia de qualidade de fora de seus corpos — o que ele chamou de "entropia negativa" —, e exportando entropia. Isto é, aumentando a entropia ao seu redor.

Importante contribuição para este tipo de estudo — dos arranjos abertos e fora do equilíbrio termodinâmico —, foi a de Ilya Prigogine em *Introduction to Thermodynamics of Irreversible Processes* (1955). Mostrou que eles se mantêm longe do equilíbrio por atuarem como "estruturas dissipativas". Mantêm um padrão de organização graças a um fluxo entrópico.

Degradam energia e exibem ciclagem de materiais. Tornam-se mais complexos à medida que exportam — dissipam — entropia para seu entorno. Tal entendimento dos sistemas fora de equilíbrio e das estruturas dissipativas deu origem a um programa de pesquisa sobre a "termodinâmica da vida".

As plantas estão entre as mais importantes estruturas dissipativas, como avançados instrumentos para degradar radiação solar. Para converter em biomassa 1% da energia que nelas incide, as plantas dissipam a maior parte da energia no processo de transpiração, a conversão de água em vapor.

Complexos dissipativos não estão em equilíbrio. São abertos, dinâmicos e rodeados por gradientes. Um gradiente é uma simples diferença (seja de temperatura, pressão ou de concentração química) existente em uma distância qualquer.

De maneira mais ampla, a lei da entropia pode ser considerada como uma lei de tendência à redução de gradientes. A redução de gradientes pela natureza significa que eles tendem a ser eliminados espontaneamente.

O MAIS IMPORTANTE

Organismos vivos, por serem estruturas dissipativas, reduzem gradientes com muita eficiência. Assim, podem desenvolver processos e estruturas que façam com que a energia e os materiais não tendam imediatamente ao equilíbrio. Por meio da fotossíntese, a energia solar é convertida em energia química e estocada em moléculas de açúcares.

É o processo de conversão de energia mais importante na Terra, pois a energia química resultante é a base das cadeias alimentares que sustentam a maioria das outras formas de vida.

Todos os seres vivos que não geram seu próprio alimento buscam energia disponível na biomassa ou em outros seres. Processos heterótrofos (incapazes de produzir o próprio alimento) liberam energia solar de alta qualidade, obtida dos produtos da fotossíntese, em forma de calor.

O que caracteriza os recursos naturais transformados pelo processo econômico é sua baixa entropia. A vida econômica se nutre de energia e matéria. Mas não são quaisquer energia e matéria que podem ser utilizadas, não podendo ser dissipadas.

Esta ideia é consequência de a termodinâmica ter se desenvolvido a partir de um problema econômico: a eficiência das máquinas térmicas. A energia dissipada em forma de calor pela máquina não pode ser utilizada novamente.

Daí por que o surgimento da termodinâmica constituiu uma verdadeira física do valor econômico, já que distingue a energia útil da energia inútil para propósitos humanos. Pode-se dizer, portanto, que baixa entropia é uma condição necessária, mesmo que não suficiente, para que algo seja útil para a humanidade.

Mas qual a relação entre os recursos terrestres de baixa entropia e o valor econômico? Os recursos minerais terrestres decrescem contínua e inevitavelmente em termos de sua acessibilidade para a humanidade. Boa parte dos recursos de baixa entropia não podem ser usados mais do que uma vez.

A lei da entropia assegura que não se pode usar a mesma energia indefinidamente, queimando o mesmo carvão *ad infinitum*. Se isto fosse possível, não haveria, de fato, escassez. Nem mesmo resíduos do processo produtivo, pois 100% poderiam ser "reciclados". Um país pobre em recursos naturais, como o Japão, não precisaria importar matérias-primas e muitas populações não teriam sido forçadas a migrar devido à exaustão do solo.

O pensamento convencional ainda se baseia na crença de que o processo econômico não depende dos recursos de baixa entropia. A epistemologia mecânica é a principal responsável por tais abstrações que, contudo, não estão de acordo com o comportamento observado na natureza. O processo econômico é entrópico: não cria nem consome matéria e energia, apenas transforma baixa em alta entropia.

Mas, se os processos físicos do ambiente natural também são entrópicos, então, o que distinguiria o processo econômico?

Nos processos biológicos há capacidades de manutenção, expansão e reprodução. O que distingue a atividade econômica de tais processos é a localização dos dispositivos de captura de energia. Para a maioria das espécies, eles fazem parte da constituição biológica dos organismos e, por isso mesmo, são denominados instrumentos "endossomáticos". As conversões energéticas ocorrem dentro do corpo biológico.

Já a humanidade usa aparatos que não fazem parte da sua constituição biológica. Transfere parte substancial de seu metabolismo para fora das suas fronteiras. Os economistas chamam tais aparatos de "bens de produção" ou de "capital", mas o termo instrumentos "exossomáticos" enfatiza que o processo econômico, entendido de maneira ampla, é uma continuação do processo biológico.

Tais instrumentos possibilitam aos humanos a obtenção de quantidades de baixa entropia com menores gastos do que se utilizassem apenas os instrumentos endossomáticos. Além disso, não se trata apenas da utilização de instrumentos exossomáticos, mas sim de sua produção. Tais instrumentos são utilizados para que se façam mais instrumentos.

Então, o processo econômico tem a ver com a evolução exossomática da humanidade. Em outras palavras, trata-se das mudanças no modo de produção de instrumentos por meio de instrumentos. Como tal evolução cria novos e diferentes meios, fins e relações econômicas, seu estudo não pode ser feito com base em estruturas analíticas mecânicas.

A abordagem econômica convencional perde totalmente de vista o caráter de transformação física que decorre da criação da riqueza. Ao importar matéria do ambiente e organizá-la de modo que possa ser utilizada, a produção é uma oposição local e temporária à lei da entropia.

O FATOR TEMPO

Já em 1965, um ano antes da publicação de *Analytical Economics*, NGR havia apresentado o artigo "Process in Farming versus Process in Manufacturing: A Problem of Balanced Development", na Conferência da Associação Internacional de Economia. O objetivo do trabalho foi o de representar adequadamente o processo produtivo. Mostrou que existem diferenças fundamentais entre os processos produtivos na agricultura e na indústria.

Continuou aprimorando sua nova representação no artigo "The Economics of Production", publicado em 1970 na *American Economic Review*. Seguido do bem mais detalhado nono capítulo do já citado livro *The Entropy Law and the Economic Process*, de 1971.

Uma das novidades de sua abordagem é a inclusão do fator tempo na representação do processo produtivo. Não era mais possível que as representações continuassem a ignorar os diferentes intervalos de tempo nos quais participam os fatores de produção.

A função de produção convencional, que relaciona quantidades de fatores, deveria ser substituída por uma funcional, analiticamente muito mais rigorosa. Para NGR, o produto é função de uma série de outras funções relacionadas ao intervalo de tempo nos quais participam os fatores de produção.

A ideia de que o processo econômico não é uma analogia mecânica, mas sim uma transformação entrópica e unidirecional, logo começou a modificar seu entendimento. Contudo, foi a nova representação de um processo que lhe possibilitou cristalizar tais pensamentos, descrevendo, pela primeira vez, o processo econômico como a transformação entrópica de recursos naturais valiosos (baixa entropia) em resíduos sem valor algum (alta entropia).

Sua principal contribuição teórica reside na análise crítica do significado da função de produção e na elaboração do modelo fundo-fluxo. Ele lamentou que a formalização matemática da produção tenha desrespeitado um pré-requisito básico da ciência: ter uma ideia clara sobre a correspondência entre símbolos e realidade.

Um dos problemas da função de produção é que ela não mostra as transformações qualitativas que ocorrem como consequências das mudanças quantitativas nos insumos e produtos. A função de produção trata o "K" como uma medida de capital homogêneo.

Porém, um processo mais intensivo em capital significa quase sempre uma mudança na qualidade desse capital. Não faz sentido pensar que uma operação de escavação mais intensiva em capital signifique multiplicar o número de pás diminuindo a participação do trabalho. Haverá sim uma mudança na qualidade do capital no sentido de instrumentos mais sofisticados.

Se os bens de capital não forem qualitativamente idênticos, não faz sentido a noção de "elasticidade de substituição" entre capital e trabalho. Nem de produtividade dos fatores de produção.

A função de produção indica a quantidade máxima de produto que pode ser obtida a partir de uma dada quantidade de insumos. Mostra o que um processo produtivo pode fazer, mas não o que, de fato, ele faz nas diferentes situações. Não considera o perfil temporal da utilização dos insumos, pois assume a organização mais eficiente possível.

É exatamente por não fazer referência aos aspectos organizacionais — em especial, ao perfil temporal da utilização dos insumos —, que a teoria convencional da produção acaba ignorando diferenças importantes, como a existente entre processos produtivos na indústria e na agricultura.

Fatores de produção

Além da relação entre a eficiência e a organização do processo produtivo, existe uma diferença qualitativa básica entre os chamados fatores de produção que foi ignorada pela abordagem convencional. Para começar, o que ela denomina "produção" deveria ser denominado "transformação", deixando claro o que acontece com os elementos da natureza no processo econômico.

É preciso diferenciar o que entra e sai relativamente inalterado do processo produtivo e aquilo que se transforma dentro dele. É possível considerar que, num intervalo de tempo curto, o capital, a terra e a força de trabalho, chamados fundos, não se alteram.

Os fundos são os fatores de produção tradicionalmente considerados pelos economistas. A terra é um fundo, ou agente do processo produtivo, pois captura fluxos de chuva e radiação solar. Já os denominados fluxos — a energia e os materiais advindos diretamente da natureza ou de outro processo produtivo — se transformam em produtos finais, em resíduos e em poluição.

Assim, há fluxos de entrada (materiais e energia) e de saída (produtos e resíduos) no processo produtivo. Os fluxos de entrada podem vir da natureza (energia solar, chuva, petróleo, minérios, nutrientes nos solos agrícolas, minerais etc.) ou de outros processos produtivos (desde aço, tábuas de madeira e borracha até o circuito integrado). Também devem ser considerados os fluxos de manutenção (peças de reposição e lubrificantes).

Além do fluxo de produtos, emana de qualquer processo produtivo um fluxo de resíduos. Os fluxos são as substâncias materiais e a energia que cruzam a fronteira do processo produtivo e não devem ser confundidos com os serviços prestados pelos fundos. Apenas os elementos que fluem no processo podem ser fisicamente incorporados ao fluxo de produtos finais.

Por que diferenciar fluxo de fundo, e não de estoque? Fundos são diferentes de estoques. Apesar de uma máquina, por exemplo, ser um estoque material, não é no mesmo sentido que um estoque de carvão. É um estoque de serviços, mas é mais seguro chamá-lo de fundo de serviços. O uso de um fundo requer duração.

Uma caixa com 20 bombons, por exemplo, pode satisfazer 20 crianças agora ou amanhã, ou alguns hoje, outros só amanhã. Mas uma lâmpada que dure 500 horas não pode ser usada para iluminar 500 quartos agora. Nesta comparação, a caixa de bombons é estoque e a lâmpada é fundo.

Para fins analíticos, o processo de produção ocorre, com fundos constantes, em "condição estável". Aqui, constância significa que a eficiência específica de cada parte do equipamento de capital é mantida constante.

Para NGR, a ideia de reprodução "simples", em vez de "ampliada", até poderia ser uma simplificação bastante útil, pois tanto o equipamento de capital quanto a força de trabalho são mantidos constantes. Porém, mesmo uma "reprodução" simples precisa dos fluxos de entrada da natureza para se manter. Caso contrário, seria um moto-perpétuo.

Ainda assim, o problema mais grave no tratamento da produção está em sua associação com um dilema de escolhas. A definição do escopo da economia como sendo o estudo da alocação de meios escassos entre fins alternativos tem consequências sérias para o tratamento da produção. Com os neoclássicos, o problema da produção passou a ser estritamente um problema da alocação ótima de fatores de produção.

Tal abordagem trata todos os fatores como se fossem de natureza semelhante, supondo que a substituição entre eles não tem limites e que o fluxo de recursos naturais pode ser facilmente e indefinidamente substituído por capital.

Entretanto, o papel desempenhado pelas duas categorias de fatores é radicalmente diferente em qualquer processo de transformação. É possível que determinado fator seja redundante em relação a determinada atividade pela falta de um fator complementar. Neste caso, um aumento na quantidade disponível de determinado fator, na ausência de outros, não representa necessariamente um acréscimo no nível de atividade que estaria sendo considerada.

Tecnologia

Para os economistas convencionais, a tecnologia costuma ser uma variável externa que permite a substituição de fatores de produção. Considera-se que há substituição quando um fator se torna relativamente mais escasso do que os outros e, portanto, mais caro.

Geralmente é o capital que substitui os outros fatores, pois a ele é incorporado o conhecimento tecnológico. Isto possibilita melhorias em seu desempenho, permitindo utilizar menos fatores como trabalho e recursos naturais.

Contudo, não é captado nas suas funções de produção que um processo mais intensivo em capital, por exemplo, requer um tipo qualitativamente diferente e que ele próprio tem origem física nos recursos naturais.

No caso do capital e dos recursos naturais, a relação no processo produtivo é muito mais de complementaridade. Um conhecimento tecnológico incorporado em equipamentos de capital significa um outro capital, e algumas vezes a utilização de outros recursos naturais.

É questionável acreditar que seja exemplo de substituição o potencial do fator capital de sustentar o produto no curto prazo, com uma utilização menor de recursos naturais. Uma máquina mais eficiente em termos de transformação de recursos naturais em bens e serviços está, de fato, diminuindo o desperdício, mas redução na geração de resíduos não é o mesmo que substituição.

A própria máquina mais eficiente, sendo adicional, exigiu a utilização de recursos materiais e energéticos em sua produção. As duas maiores distorções da abordagem convencional são ignorar o fluxo inevitável de resíduos e apostar na substituição sem limites dos fatores.

Extrapolando a análise de um processo produtivo para todo o processo econômico, NGR chegou à conclusão de que o que entra no processo econômico são recursos da natureza e que há uma saída inevitável de "lixo". Mostrou que o lado material do processo econômico é aberto e unidirecional, e não fechado e circular.

Para manterem sua própria organização, os organismos aceleram a marcha da entropia. Por isto, NGR não estava em desacordo com o entendimento mais recente da relação entre vida e entropia.

Para ele, a humanidade, com seus instrumentos exossomáticos, ocupa a mais alta posição na escala dos organismos que aumentam a entropia — e este seria o cerne dos problemas ambientais.

A humanidade tem duas fontes básicas para sua reprodução material: os estoques terrestres de minerais e energia concentrados e o fluxo solar. Os estoques terrestres são limitados e sua taxa de utilização pela humanidade é facultativa. A fonte solar, por outro lado, é praticamente ilimitada em quantidade total, mas altamente limitada em termos da taxa que chega à Terra.

Metabolismo

Há ainda outra diferença: os estoques terrestres abastecem a base material para as manufaturas, enquanto o fluxo solar é responsável pela manutenção da vida. É possível determinar o ritmo de consumo de minérios e combustíveis fósseis, mas sempre tendo em vista que são recursos finitos. Desta forma, a taxa de utilização determinará em quanto tempo esses insumos estarão inacessíveis.

É preciso saber se a humanidade pretende continuar usando rapidamente os estoques de recursos terrestres — comprometendo assim a possibilidade de reprodução material das gerações futuras —, ou se, ao contrário, admite evitar qualquer uso desnecessário de recursos a fim de prolongar sua existência.

NGR vislumbrou tendência decrescente de extração de recursos, por mais remoto que seja seu início. Isto fará com que a escala da economia seja reduzida. Tanto encolhimento do tamanho da população, como do fundo de capital.

Quanto mais cedo tal processo de encolhimento da economia começar, maior poderá ser a sobrevida da espécie humana. Sua ideia é que não bastará parar de crescer, ou mesmo estabilizar o fluxo de recursos naturais que entra na economia. A rigor, algumas economias do mundo já deveriam estar pensando na redução desses fluxos.

O segundo aspecto da reprodução material da humanidade — o resíduo — é um fenômeno físico geralmente prejudicial a uma ou outra forma de vida, e direta ou indiretamente à vida humana. Deteriora o ambiente de várias maneiras, quimicamente, como no caso do mercúrio ou da chuva ácida, nuclearmente, como o lixo radioativo, ou fisicamente, como a acumulação de CO_2 na atmosfera.

NGR deu muito mais atenção aos efeitos da depleção dos *inputs*, ou recursos naturais utilizados no processo produtivo. Deu bem menos atenção aos efeitos dos *outputs*, como lixo, poluição, resíduos tóxicos, gases de efeito estufa etc., gerados pelo mesmo processo. Mas reconhecendo que, mais cedo ou mais tarde, a poluição e os resíduos se tornariam um problema.

Tanto devido a sua acumulação, como por serem fenômenos visíveis e de superfície. Nesse contexto, o aquecimento causado por atividades humanas tem provado ser um obstáculo maior ao crescimento econômico sem limites do que a finitude de recursos acessíveis.

Tratar da sobrevivência dos humanos na Terra requer atenção ao apego aos instrumentos exossomáticos — peculiaridade que os distingue de outros animais. Por isto, o problema não é nem só biológico, nem só econômico, nem apenas social ou ambiental. Ao considerar que a lei da entropia é algo muito específico e pouco significativo, a Economia e as Ciências Humanas ignoram o caráter metabólico do processo socioeconômico. O problema ecológico surge como uma falha no metabolismo.

A transferência de parte substancial da conversão energética da humanidade para fora dos corpos humanos aprofundou-se de maneira inaudita com a combustão dos recursos fósseis e, com isso, aumentou exponencialmente o fluxo de *outputs* indesejados.

Um dos maiores sucessos adaptativos dos humanos foi a habilidade de extrair a baixíssima entropia contida nos combustíveis fósseis. Mas, por outro lado, tal aproveitamento se mostrou a principal causa do aquecimento global, fenômeno que, paradoxalmente, dificultará a adaptação, tendendo a acelerar o processo de extinção da própria espécie.

Ora, a utilização dos recursos energéticos e materiais terrestres no processo produtivo e a acumulação dos efeitos prejudiciais da poluição no ambiente revelam que a atividade econômica de uma geração tem influência na atividade das gerações futuras. Assim, está em jogo a possibilidade de que elas tenham qualidade de vida igual ou maior que a da atual geração. E este é o cerne do problema ecológico.

Hoje

Desde os anos 1970, quando NGR elaborou sua profunda contestação teórica ao pensamento econômico, houve uma mudança fundamental no emprego corrente do termo "entropia". Passou a ser muito mais usado com referência à ideia de "desordem" do que à ideia de metabolismo energético.

Porém, tal tendência tem sido cada vez menos aceita. Há físicos que excluem qualquer possibilidade de que desordem possa ser um bom sinônimo para entropia.

Forçosa surpresa para quem fizer buscas na rede. Os resultados darão muita ênfase à ideia de que a entropia seria o grau de desordem das partículas de qualquer fenômeno físico e — por extensão —, também, do grau de desorganização de qualquer arranjo.

Mais: dizem que o termo entropia seria equivalente a aleatoriedade, casualidade, imprevisibilidade, incerteza, indeterminação e variação. Aprofundando um equívoco com longa história, como mostra — em notável exceção — o vídeo "Entropia não é desordem", do professor Eudes Fileti, no canal *Verve Científica*, do YouTube.

Por sorte, a própria Wikipedia, igualmente, não perdoa, registrando, em nota de rodapé, que, no senso comum, a mais frequente associação entre entropia e desordem — a de bagunça — costuma ser "muito pouco cautelosa" e "bem delicada" (sic).

O que poderia explicar tanta ênfase para a analogia com "desordem"? Provavelmente a ideia, correta, de que entropia é a grandeza que mede o grau de liberdade molecular, exprimindo uma quantidade de configurações (ou microestados). A rigor, trata-se do número de maneiras em que as partículas (átomos, íons ou moléculas) se distribuem "em níveis energéticos quantizados, incluindo translacionais, vibracionais, rotacionais e eletrônicos".

Entretanto, por mais rigorosa que seja tal definição, em nada ajuda a entender o que estaria em jogo: sua inexorável tendência a aumentar. Está constantemente diminuindo a quantidade de trabalho útil que pode ser obtida da energia do Universo.

Plagiando Isaac Asimov, pode-se obter trabalho se houver alta temperatura aqui e baixa temperatura lá. Quanto menor a diferença entre tais temperaturas, menos trabalho será exequível. A propensão é que áreas quentes esfriem e áreas frias aqueçam, sempre reduzindo a presumível quantidade de trabalho. "Até que, finalmente, quando tudo estiver na mesma temperatura, você não poderá mais obter nenhum trabalho disso, mesmo que toda a energia continue lá. E isto é verdade para TUDO em geral, em todo o Universo."

A visão dessa "morte térmica" não é das mais animadoras, claro. Mas há quem a considere, ao contrário, nem deprimente, nem tediosa. Bem mais do que assustadora, ela seria até libertadora. Afinal, as estimativas mais aceitas para a idade do Universo são bem superiores a 13 bilhões de anos...

Desta forma, a grande novidade — ainda bem distante da Wikipedia, infelizmente — é sobre pesquisas de fronteira que proclamam a ideia de "entropia criativa", com base em minuciosas análises de dificílimo entendimento fora da redoma dos próprios físicos.

Mesmo sendo impossível que tais conclusões sejam aqui trocadas em miúdos, pode ser útil sintetizar pílulas instigantes em ordem cronológica. Apenas uma ideia geral que crie curiosidade sobre o que parece existir de mais avançado em pesquisas sobre o enigmático segundo princípio da termodinâmica, definidor da entropia.

As mais básicas são antigas e bastante conhecidas: a evidência científica de que "o vivo é energético" e que também "é entrópico", por envolver energias mecânica (movimento) e térmica (calor). As duas seguintes, já nada óbvias, só foram bem-aceitas há oitenta anos: "o vivo é quântico" e "negativamente entrópico", ou melhor, "neguentrópico". Foi na escala das partículas subatômicas que a sobrevivência se revelou dependente de contínua extração de baixa entropia do ambiente.

A terceira dupla foi uma poderosa e complicadora extensão: além de energia, o mundo atômico também é informação. E, sendo quântico, "o vivo é informação". Então, "o vivo é entrópico, mas no sentido informacional". No pós-Segunda Guerra Mundial, foram estes os pontos de partida das teorias que deram origem à informática e à sua indústria.

A partir do decênio seguinte, a grande inovação foi a geometria fractal, logo seguida de interpretações pluri ou multiescalares. Movimento que permitiu aos físicos o uso de imagens em seus exercícios sobre entropia. Não demorou para afirmarem que "o vivo é fractal", que "o vivo é multiescalas", que "o vivo também é transescalas" e que "o vivo é entrópico de escala", na acepção de através das escalas.

No fim dos anos 1990, surgiu uma teoria dita "construtiva" — baseada em princípios de minimização na geração de entropia —, levando seus pioneiros a concluir que "o vivo é neguentrópico e construtivo". Finalmente, as pesquisas de ponta sobre dinâmicas sísmicas e de turbulências sugeriram uma dimensão ainda mais intangível, derivada da descrição de catástrofes e das tentativas de prevê-las: "o vivo é log-periódico".

Se energia e entropia permanecem conceitos difíceis de ser bem dominados, o que dizer dos demais, acima elencados? Razão para efusiva recomendação — aos mais interessados — do livro *L'Entropie créatrice*, dos físicos Diogo Queiros-Condé e Ivan Brissaud, com o paleontólogo e biólogo Jean Chaline, mais prefácio do pioneiro Didier Sornette (Ellipses, 2023).

Tão ou mais recomendável só pode ser a novidade — de janeiro de 2025 — oferecida pela editora da Universidade de Chicago: o livro *Entropy Economics*, dos professores James K. Galbraith e Jing Chen. Logo no início destacam uma pérola, de autoria do grande Paul Samuelson, segundo à qual seria mera e barata especulação a procura, no sistema social, de algo que correspondesse à noção de entropia. Só faltou arrematar com um "viva a mecânica, abaixo a termodinâmica".

Mudanças didáticas

Se as ideias que relacionam o processo econômico com a entropia fossem introduzidas num livro-texto de Economia, como seria ele modificado?

A primeira mudança seria no diagrama do fluxo circular, que constitui importante visão pré-analítica dos economistas. O diagrama mostraria o fluxo entrópico unidirecional que liga o ambiente à economia e de volta ao ambiente. Nenhuma economia pode sequer existir sem esse fluxo entrópico.

Mas as alterações não poderiam parar por aí, pois o conceito de fluxo entrópico é como um "cavalo de Troia", que tem um exército de implicações escondidas que afetariam todos os capítulos de um livro-texto.

As implicações epistemológicas seriam sérias, pois a economia convencional foi construída com base no modelo mecânico. Não consegue lidar com o fato mais elementar, que é o fluxo entrópico necessário para manutenção do processo econômico, ou seja, a utilização de recursos naturais de qualidade e o despejo de resíduos no ambiente.

Há uma mudança qualitativa de matéria e energia pelo processo econômico. Todavia, o formalismo matemático não consegue captar mudanças qualitativas importantes.

Claro, capítulos especiais sobre os recursos naturais e o ambiente não existiriam mais. Estes dois temas seriam integrados ao centro da argumentação.

O capítulo sobre crescimento econômico teria que ser corrigido, pois um fluxo circular de valor monetário só pode crescer indefinidamente devido à falta da dimensão física. Mas o crescimento do fluxo entrópico encontra barreiras como a poluição, a redução de recursos e a desestabilidade ecológica.

O capítulo sobre a produção certamente corrigiria a visão convencional que se tem do processo produtivo e que está na raiz de muitas concepções equivocadas sobre a sustentabilidade.

As funções de produção que concebem o capital como um substituto quase perfeito para os recursos levam a crer que se poderia construir a mesma casa com o dobro de serras, mas com metade da madeira. Sem contar que mais serras requerem mais madeira para sua produção.

O novo capítulo adotaria o modelo "fluxo-fundo" de NGR. Capital e trabalho são agentes que transformam um fluxo de recursos naturais em um fluxo de produtos. A relação de substituição é marginal e serve apenas para diminuir os resíduos do processo. A relação dominante entre fundos e fluxos é de complementaridade.

O capítulo sobre população traria uma discussão sobre

a ideia de população ótima. A pergunta fundamental envolve três aspectos: Quantas pessoas? Por quanto tempo? E em que nível de utilização e recursos *per capita*?

A questão relevante seria como maximizar o conjunto pessoas-anos a serem vividos num padrão de utilização de recursos *per capita* suficiente para se ter uma boa vida. Aí o conceito de suficiência teria tanta importância quanto o de eficiência.

Todas essas alterações evidenciam que a noção de entropia certamente é incompatível com a estrutura teórica da economia convencional. Fica difícil imaginar as suposições da corrente principal, baseadas na noção de equilíbrio, convivendo lado a lado com noções mais realistas fundamentadas na termodinâmica de não equilíbrio. Mais complicado ainda fica a situação da representação do processo produtivo como uma simples questão de alocação de fatores, todos com a mesma natureza.

Também haveria incompatibilidade entre um livro que dá muito mais peso às formalizações matemáticas do que ao estudo da história e a ideia de que importantes fenômenos econômicos não são captados por números.

De qualquer forma, em termos de mudanças didáticas, nada melhor do que começar a explorar a imagem proposta pela economista britânica Kate Raworth no livro *Economia Donut* (Zahar, 2019).

O bolinho chamado "donut" pelos americanos, "doughnut" pelos britânicos e "dónute" pelos portugueses tem a forma de rosca, ou de miniatura de uma câmara de ar de pneu. É preciso ter essa imagem em mente para poder entender o título de tão excelente livro didático sobre o pensamento econômico.

A imagem do bolinho foi inspirada pelo diagrama que vem sendo usado desde 2009 pelos cientistas que estudam o "Sistema Terra" ao procurarem sintetizar uma dezena de condicionantes ecológicas do desenvolvimento humano: as já bem conhecidas "fronteiras planetárias".

O que a autora propõe é que em tal diagrama também sejam embutidas, de forma bem explícita, suas fronteiras internas de natureza social:

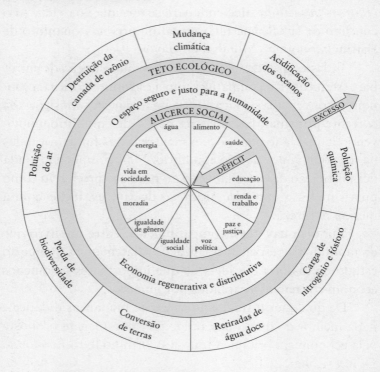

Assim, na parte externa da rosca aparece a dezena de limiares naturais: acidificação dos oceanos, aquecimento global, depleção da camada de ozônio, erosão da biodiversidade, excessivas cargas de nitrogênio e fósforo, inseguranças hídricas, poluições do ar, poluições químicas e usos irresponsáveis dos solos.

Por dentro, uma dúzia de direitos humanos que continuam desrespeitados após tantas décadas de sua Declaração Universal. Também em ordem alfabética: água, alimento, educação, energia, equidade social, habitação, igualdade de gênero, influência política, paz-e-justiça, redes, saúde, trabalho-e-renda.

O potencial comunicativo dessa criativa alegoria visual vem sendo comprovado na prática, principalmente em arenas globais, como a da árdua elaboração da Agenda 2030 pela Assembleia Geral da ONU, ou em discussões no âmbito do Fórum Econômico Mundial de Davos.

Deve ter contribuído muito a trajetória profissional de Raworth. Antes de ser professora em programas de pós-graduação das universidades de Oxford e Cambridge, já tinha grande notoriedade por atuações no Pnud e na Oxfam, alicerçadas em pesquisas sobre empreendedorismo social na Tanzânia.

A dúvida é se ela não tenta pôr areia demais no caminhãozinho dos economistas. Pois acha urgente que eles adotem "sete modos de pensar".

Os três primeiros são: 1º) tornarem-se "agnósticos", em vez de "viciados", em crescimento; 2º) não mais supor que este seja redutor de desigualdades; e 3º) que possa ajudar a cuidar da biosfera. Três "caminhos" que levariam ao 4º) troca do PIB por bússola similar ao seu donut.

Bem mais desafiadores são os outros três, pois esbarram em dificuldades cognitivas ainda mais sérias: 5º) a ideia de mercado autorregulado; 6º) o mito do homem econômico racional; e, sobretudo, 7º) a ingênua noção de equilíbrio. A este trio a autora contrapõe outro: a) visão de economia integrada e imersa ("*embedded*"); b) entendimento da adaptabilidade humana; e c) ideia de complexidade dinâmica.

A tese central é que estes "sete caminhos" devem ser trilhados para que o pensamento econômico supere sua trágica obsolescência. Sete *insights* nos quais ela diz que gostaria de ter esbarrado ao longo da graduação e mestrado em economia do desenvolvimento. Daí o subtítulo da edição original de seu livro ser *Seven Ways to Think Like a 21st-Century Economist*. Trocado na edição brasileira por *Uma alternativa ao crescimento a qualquer custo*.

Um dos grandes méritos da proposta de Raworth é começar por rememorar três noções relativamente simples: estoques/fluxos, circuitos de retorno (*"feedback loops"*) e demora/retardamento (*"delay"*), para em seguida desafiar o leitor a refletir sobre as possíveis resultantes das interações entre as três.

Justamente o que faz emergir comportamentos não lineares de intrincados sistemas adaptativos que — longe do equilíbrio — tanto podem se manter relativamente estáveis, quanto se mostrar capazes de gerar abruptas oscilações, explosões de bolhas, *crashes*, convulsões, colapsos etc. Raworth parece ter certeza de que essa "dança da complexidade" acabará por substituir o equilibrismo newtoniano que ainda escraviza o pensamento econômico.

Entre os poucos defeitos de tão excelente exposição sobre sete avenidas evolutivas abertas ao pensamento econômico, destaca-se a incoerência entre a constatação de que são gigantescas as pressões em favor da inércia e a entusiástica aposta da autora de que o ícone da rosquinha possa triunfar por volta de 2030.

Suas argumentações sugerem, ao contrário, que tamanha revolução científica nem venha a ocorrer neste século, fazendo com que o subtítulo mais apropriado à tradução fosse algo como "Sete caminhos para se pensar como economista no Antropoceno".

É altamente recomendável navegação pelo website do resultante movimento, <doughnuteconomics.org>, assim como a comparação com seu "concorrente" que não parece ter realmente decolado: <weall.org> e <weall.org/wego>.

4.
CRESCIMENTO

Desde o início deste século vem ganhando terreno um conhecimento crítico à obsessão pelo crescimento. Principalmente por ser inegável o desafio de reduzir o uso de energia e de recursos naturais em geral. Mas as discussões sobre propostas voltadas ao decrescimento continuam marginais, mesmo nos países economicamente mais maduros.

A maioria dos defensores do decrescimento não nega que são das mais nebulosas as condições de sua eventual execução. Mas também acha que tal dificuldade não impede que se mostre necessária, desejável e possível como trajetória de transformação social. Um bom termômetro da força persuasiva desta tese está no trilíngue website <degrowth.info>.

Entretanto, como foi destacado desde as primeiras linhas deste livro, um dos principais problemas de fundo — reduzir o uso de recursos naturais — gerou outras bandeiras, entre as quais a que mais ganhou audiência foi a "economia verde".

Um slogan que sempre teve por objetivo incentivar a formulação de políticas em favor da adoção de tecnologias menos sujas, energias renováveis, manejo de recursos naturais e de resíduos, e novas práticas agrícolas.

Para seus defensores, uma economia verde seria aquela que conseguiria melhorar a qualidade de vida de todos dentro dos limites ecológicos, tornando-se justa e resiliente.

O problema sempre foi saber se tão nobre objetivo poderia ser atingido pelo chamado "crescimento verde" ou se, ao contrário, poderia exigir decrescimento, com ou sem passagem por alguma coisa parecida com a paradisíaca "condição estável". Este é o cerne da contradição a ser agora enfrentada.

À medida que aumentar a consciência coletiva sobre o Antropoceno, é mais provável que novas iniciativas de crescimento econômico venham a alcançar resultados ambientais líquidos positivos. Desde que bem diferenciem dois tipos de atividades econômicas: as que devem ser estimuladas, porque contribuem para uma maior resiliência dos ecossistemas, e as que precisarão ser cada vez mais restringidas, porque mantêm a inércia dos problemas ambientais.

O decorrente lema seria "decrescer crescendo", que pode parecer um truísmo. No entanto, é justamente o descarte deste "ovo de Colombo" que explica a multiplicidade das divergências sobre os efeitos negativos do crescimento econômico. Sempre foi difícil lidar com relações em que existem — ao mesmo tempo — dois polos, que tanto se complementam quanto se opõem.

Um dos extremos dos dois polos insiste em rejeitar quaisquer "limites" ao crescimento tradicional. O outro propõe decrescimento imediato. Felizmente, a insatisfação com os simplismos de ambos já gerou três outras opções: "economia verde", "crescimento verde" e "prosperidade sem crescimento". Esta terceira às vezes tratada por agnóstico "a-crescimento" ou por "pós-crescimento". Todas emaranhadas na obscura onda de um "Green New Deal".

Na prática, contudo, as políticas econômicas nacionais que já chegaram a ser influenciadas pelo ideal de um desenvolvimento sustentável não têm como corresponder diretamente a nenhuma dessas linhas.

Mesmo que seja possível identificar alguma uniformidade no âmbito das políticas energéticas, por exemplo, isso não é suficiente para configurar um plano de crescimento. Basta considerar a ampla diversidade de economias subnacionais, sistemas agroalimentares, infraestruturas e padrões de urbanização, para logo perceber as distâncias que deveriam ser superadas.

Em busca de alguma clareza sobre tamanho imbróglio — e antes de discuti-lo nos termos da controvérsia atual —, nada mais importante do que atentar para seu histórico. Começando pela imprescindível repetição de algumas informações que já foram destacadas no prólogo. O leitor que delas esteja bem lembrado talvez prefira saltar os próximos seis parágrafos, ou lê-los na diagonal.

1970-2020

Nesse "templo do crescimento para os países industrializados" chamado OCDE (Organização para a Cooperação e Desenvolvimento Econômico), emergiu em 1961, menos de uma década após a sua fundação, um certo questionamento do crescimento quantitativo, sob o rótulo "problemas da sociedade moderna".

Questionamento que correspondia a discursos sociais mais amplos e a uma nascente incerteza quanto às perspectivas da industrialização, da modernização e do então chamado "capitalismo de consumo".

No interior do "templo", a força motriz de tal iniciativa foi um grupo de pesquisadores e burocratas afiliados ao ramo científico da organização, já preocupados com efeitos negativos da modernização e da expansão econômica.

É a tal grupo que se deve o lançamento do Clube de Roma, embora depois o fato tenha sido largamente negligenciado pela história oficial e pela memória pública. Grupo que, na sequência, construiu uma coligação discursiva transnacional para tentar promover novas perspectivas sobre o crescimento econômico: o relatório de 1972, *Limits to Growth* (*LtG*).

Pode-se dizer, sem risco de exagero, que foram os frenéticos debates desencadeados pelo *LtG* que — quinze anos depois — geraram um primeiro consenso global, graças à adoção pela Assembleia da ONU, em 1987, do célebre relatório *Our Common Future* (WCEP). A Rio-92 foi decisiva, é claro, para a legitimação de sua principal mensagem: o desenvolvimento sustentável.

No entanto, por mais relevante que possa ter sido tal conquista histórica, deve-se assinalar que foi uma forma hábil de evitar o cerne do problema. As onze alusões genéricas do relatório a uma "nova era de crescimento econômico" não poderiam ajudar os governos a procurar novas políticas consistentes com a sustentabilidade — um novo valor — e com o desenvolvimento sustentável, a primeira utopia da nova Época.

Foi tal procura o que mais contribuiu para dar visibilidade à ideia de uma "economia verde", que emergia — em simultâneo — no Reino Unido. Por iniciativa de seu Ministério do Meio Ambiente, foram publicados — em 1989, 1991 e 1993 — os três volumes do famoso *Blueprint for a Green Economy*, escritos por equipes de economistas lideradas pelo saudoso David W. Pearce (1941-2005).

Para estes pioneiros da teoria (ou disciplina) intitulada Economia Ambiental, a realização de uma "economia verde" dependeria essencialmente de urgentes e simultâneos progressos em três vertentes: precificar, responsabilizar e incentivar.

Recomendaram uma "cunha" (*wedge*) entre o crescimento econômico e o ambiente — com o intuito de "desacoplar" (*uncouple*) o processo de crescimento econômico de seus impactos ambientais.

Dito de outra forma: alterando-se a relação entre o crescimento e suas repercussões ambientais, as sociedades poderiam se dar ao luxo de crescer e gerar os recursos necessários a uma alteração da dinâmica de crescimento no mundo em desenvolvimento, para que os mesmos "erros" não fossem cometidos.

Porém, exatamente no momento em que nascia tal discurso — em 1991 —, apareceu, também no Reino Unido, um outro livro intitulado *The Green Economy*, mas com conteúdo bem diferente. Seu autor, Michael Jacobs, ao contrário do grupo liderado por David Pearce, mostrou simpatia por ideias que se desenvolviam do outro lado do Atlântico e que já haviam dado origem — em 1989 — à Sociedade Internacional de Economia Ecológica (ISEE).

Como já foi bem enfatizado, tais ideias foram propostas com base no caminho aberto por NGR, mesmo que a ISEE tenha sido fundada mais sob a influência do trabalho de Herman Daly. Com onze sociedades regionais em todo o mundo, vem realizando uma conferência bienal e publicando a bem-sucedida revista acadêmica *Ecological Economics*.

As críticas dos economistas ecológicos ao crescimento levaram, mais tarde, a várias adjetivações. Além de "verde", "inclusivo", "sustentável", "inteligente", "de base ampla", "limpo", "compartilhado", "resiliente", "favorável aos pobres" e "pró-clima". Certamente devido ao crescimento não ser nada disso.

Houve claro contraste entre a formação do ISEE nos EUA — que abriga variantes das críticas mais radicais ao crescimento econômico — e a persistência, no Reino Unido, de ideias mais suaves sobre a "economia verde". Um exemplo é o Green Economics Institute, fundado em 2003, que publica, há vinte anos, o ignorado *International Journal of Green Economics*. Que não deve ser confundido com o esforço teórico de Sir Partha Dasgupta, tanto na britânica Universidade de Cambridge, quanto no sueco Beijer Institute. Como mostrou, em 2021, o importante relatório sobre a economia da biodiversidade conhecido por *The Dasgupta Review*.

Virada

Contudo, em termos globais, a partir de 2005 a ideia de "economia verde" já tinha começado a ser dispensada, em favor do slogan "crescimento verde". Naquele ano, foi lançada a "Rede da Iniciativa de Seul sobre o Crescimento Verde". Na "Conferência Ministerial sobre Ambiente e Desenvolvimento na Ásia e no Pacífico", sob os auspícios do Conselho Econômico e Social das Nações Unidas (Ecosoc).

Seguiu-se um período de clara consolidação, até 2012. Um processo de amadurecimento que envolveu principalmente a OCDE e o Banco Mundial, culminando na conferência Rio+20.

Em janeiro de 2012, o Pnuma, a OCDE, o Banco Mundial e o Global Green Growth Institute assinaram um "Memorando de Entendimento" para construir uma "Plataforma Global de Conhecimento sobre Crescimento Verde", como "iniciativa global de ponta para identificar e abordar as principais lacunas de conhecimento na teoria e na prática do crescimento verde".

Este foi um verdadeiro ponto de virada, mostrando uma clara vitória da bandeira "crescimento verde", em vez de uma suposta convergência com a da "economia verde". Em vez de só adotar o trio da economia ambiental — precificar, responsabilizar e incentivar —, mostrava-se necessária uma nova visão.

Em junho de 2012, a plataforma gerou uma organização intergovernamental: o Global Green Growth Institute (GGGI), com sede na Coreia do Sul, onde havia sido fundado em 2010. Com imediato apoio financeiro plurianual da

Austrália, Emirados Árabes Unidos, Japão, Reino Unido, Dinamarca e Noruega.

O GGGI propõe-se a ser pioneiro na difusão de um novo modelo econômico de crescimento, tendo sido concebido como laboratório aberto e global de apoio à experimentação e à aprendizagem coletiva de países que procuram ultrapassar o modelo de desenvolvimento industrial intensivo em recursos.

Em maio de 2012, o Banco Mundial já publicara o relatório *Inclusive Green Growth: The Pathway to Sustainable Development*, com críticas à teoria neoclássica do crescimento (ou seja, que o crescimento da produção — PIB — provém de aumentos do capital físico, do trabalho e da produtividade), por não reconhecer que a produção depende diretamente do estoque de recursos naturais e da qualidade do meio ambiente.

O seu quadro analítico considerou como as políticas ambientais poderiam aumentar o PIB, medido convencionalmente por critérios ligados à eficiência dos fatores de produção, ao estímulo e aos efeitos da inovação.

Sublinhou que o teste final do crescimento verde é o bem-estar e não o produto: "O bem-estar pode ser avaliado considerando a utilidade como dependente do nível atual de consumo e do efeito direto do ambiente, via seus efeitos na saúde e no valor das amenidades".

A OCDE também desenvolveu sua "Estratégia de Crescimento Verde", incluindo-a em exercícios de supervisão política nacional e multilateral, para fornecer aconselhamento político direcionado às necessidades de cada país.

Para o "templo", as fontes de crescimento surgirão da produtividade, da inovação, de novos mercados, da confiança e da estabilidade. O crescimento verde também poderia reduzir os riscos para o próprio crescimento, se decorrentes de estrangulamentos e desequilíbrios.

New Deal

Alguns fatos anteriores precisam ser destacados. Em março de 2009, o UNEP (ou Pnuma) havia lançado um "Policy Brief", de 40 páginas, intitulado *Global Green New Deal*. Precedido, em 2008, por relatório intitulado *A Green New Deal*, elaborado pela New Economics Foundation (NEF), com sede em Londres.

Nenhum dos dois foi o primeiro a usar o termo. Pois em janeiro de 2007 o jornalista Thomas L. Friedman havia lançado um apelo por um "New Deal Verde" (GND), em coluna do *The New York Times* intitulada "A Warning from the Garden".

No entanto, tal apelo de Friedman limitou-se à mudança tecnológica — para um "New Deal energético". "Precisamos de mais de tudo", escreveu ele, "energia solar, eólica, hídrica, etanol, biodiesel, carvão limpo e energia nuclear — e conservação."

Durante a crise financeira de 2007-2008, a londrina New Economics Foundation também já havia perseverado em seu plano para enfrentar e evitar o triplo colapso: financeiro, climático e da biodiversidade. Uma proposta que parece ter passado dez anos adormecida, mas que — em 2018 — começou a ter imenso impacto, reorganizando discursos e alterando debates.

Todavia, por mais intensa que possa ter sido, nesse período, a discussão sobre um "New Deal Verde", com o passar do tempo ela mais parece uma espécie de passageira digressão.

A imensa diversidade retórica em torno de alguma conciliação entre as preocupações com o ambiente e o crescimento econômico passou a ser cada vez mais marcada pela polarização entre "crescimento verde" e "decrescimento". Dois campos de investigação bastante isolados, com irrisórios intercâmbio e referência mútua sobre temas relacionados.

Pesquisas sobre "crescimento verde" são altamente orientadas para políticas, centram-se na implementação prática e baseiam-se em métodos de investigação empírica. Ao contrário, investigações sobre "decrescimento" são altamente orientadas pela teoria, centram-se na análise de inter-relações complexas entre o homem e a natureza, sobre base teórica e conceitual bem distante de qualquer preocupação pragmática.

A falta de bases científicas para a proposta de decrescimento foi bem exposta, em 2024, pelo tarimbado economista holandês Jeroen van den Bergh em parceria com seu discípulo Ivan Savin, principalmente na *Ecological Economics*, mas também em curto texto para o website VoxEU CEPR (https://cepr.org/voxeu).

Deve aqui ser ressaltado que, embora a redução do PIB não seja um objetivo do "decrescimento", os investigadores deste campo assumem que uma redução nas atividades de grande escala, com utilização intensiva de recursos, envolveria, consequentemente, uma diminuição do PIB.

O campo do "decrescimento" vê na proposta de um "Green New Deal" um discurso até adequado para uma fase inicial de reforma. Principalmente por dar muita ênfase para tecnologia, tanto em grandes infraestruturas e fluxos financeiros internacionais como em emprego.

Há razões para se pensar, então, que o slogan "além do crescimento" poderia tornar-se — ou já estaria se tornando — bandeira unificadora para os que têm como objetivo principal e urgente a mudança política prática na direção da sustentabilidade e da equidade social.

É claro que o conteúdo de uma economia política "pós-crescimento" ainda necessitaria de muito mais elaboração. Mas é no discurso "pós-crescimento" que talvez possa vir a ser encontrada uma nova forma de avançar para um debate livre de alguns dos dogmas e das divergências que o atormentaram.

Nada poderia ser mais estranho, portanto, do que permanecer tão oculto o relatório da OCDE *Beyond Growth* (2020), mesmo em estudos meticulosos especificamente dedicados à visão da organização sobre "sustentabilidade e crescimento verde".

Tal relatório começa por enfatizar a necessidade de revisão das abordagens dominantes para a formulação de políticas econômicas que os países da OCDE adotaram nos quarenta anos anteriores. E imediatamente destaca três ambições:

1) Um entendimento mais profundo da relação entre crescimento, bem-estar humano, redução de desigualdades e sustentabilidade ambiental;

2) Uma base mais rica de compreensão e evidências sobre como as economias funcionam, e novas ferramentas e técnicas para ajudar os formuladores de políticas;

3) Um conjunto mais amplo de reformas políticas e institucionais, com base nas novas estruturas e análises, para atingir as novas metas sociais e econômicas.

Em tal contexto, considera primordiais quatro objetivos para a formulação de políticas econômicas:

1) Sustentabilidade, entendida como um caminho de rápido declínio nas emissões de gases de efeito estufa e degradação ambiental, consistente com a prevenção de danos catastróficos e a obtenção de um nível estável e saudável de serviços ecossistêmicos;

2) Bem-estar crescente, entendido como um nível de melhoria na satisfação com a vida dos indivíduos e um senso crescente de melhoria na qualidade e condições de vida da sociedade como um todo;

3) Desigualdade em queda, entendida como uma redução na lacuna entre as rendas e a riqueza dos grupos mais ri-

cos e mais pobres da sociedade, uma redução nas taxas de pobreza e uma melhoria relativa no bem-estar, rendas e oportunidades daqueles que sofrem desvantagem sistemática, incluindo mulheres, membros de minorias étnicas, pessoas com deficiência e aqueles em comunidades geográficas desfavorecidas;

4) Resiliência do conjunto, entendida como a capacidade da economia de suportar choques financeiros, ambientais ou outros sem efeitos catastróficos.

O relatório enfatiza que os países que buscarem enfrentar estes quatro desafios — em vez de dar esmagadora prioridade ao crescimento — experimentarão um caminho mais equilibrado de desenvolvimento econômico e social.

Ponto de partida

O primeiro dos quatro objetivos destacados pela OCDE em 2018 foi o declínio das emissões de gases de efeito estufa. Afinal, o aquecimento é ameaça existencial pois, além de provocar inquietude social, conduz a migrações em grande escala e desencadeia guerras ou outras formas de conflito com enormes custos econômicos, que só aumentam os riscos ecossistêmicos.

É importante destacar então que, como já foi dito, este passou a ser um ponto de partida, mesmo para economistas convencionais que resolveram pensar no assunto.

A médio e longo prazos, os efeitos de alterações climáticas serão tão graves que muito provavelmente tornarão inviável qualquer tentativa de crescimento com utilização intensiva de carbono. Isto torna a dissociação entre o crescimento da produção e emissões de gases de efeito estufa um enorme desafio para o "crescimento verde".

O maior problema é saber como seria possível — enquanto a economia continua a crescer — evitar acumulação excessiva, na atmosfera e nos oceanos, de mais gases de efeito estufa. Assim como extração abusiva do "capital natural" ou de "fundos" ecológicos valiosos, tais como a cobertura florestal e o *habitat* da vida selvagem. A maior parte dos problemas ambientais e de recursos são problemas de estoques e não de fluxos.

Além disso, está longe de ser suficiente olhar apenas para a degradação do "capital natural" dentro de um país. A expansão comercial permite que os países de rendimento mais elevado expatriem os impactos adversos do seu consumo. Começa a ficar claro, até para economistas convencionais, que não poderá ser mantido indefinidamente o crescimento da produção global.

No curto prazo, a interrupção do crescimento seria politicamente inaceitável e poderia prejudicar a viabilidade de políticas climáticas. Serão necessários investimentos e algum crescimento para combater a pobreza em todo o mundo e ser adotada uma Agenda 2050.

O desafio de construir uma economia de baixo carbono é uma boa meta para a sustentabilidade. No entanto, também poderia ser visto como uma oportunidade para se criar um "bom" crescimento verde. Não apenas aumento nos níveis de bem-estar humano (não medido apenas em termos monetários) com uma utilização reduzida de recursos energéticos e materiais. Também novos estilos de vida. Assim, fica claro que a direção em que ocorre o crescimento é mais importante que seu ritmo.

Intervenção pública

Para avaliar se um caminho de desenvolvimento econômico seria sustentável, as nações precisariam adotar uma contabilidade que registrasse o valor social da riqueza da economia: todo o portfólio de ativos, incluindo os ecossistemas. Tais contas deveriam informar sobre as variações dos estoques que sustentam o bem-estar humano. Mais importante, ainda, seria incluir um conjunto de indicadores biofísicos bem escolhidos, que se concentrassem em dimensões da sustentabilidade difíceis de captar em termos monetários.

É imprescindível suscitar, no *mainstream* econômico, a preocupação com a quantidade e qualidade do capital natural, para além do capital manufaturado e humano, legado às gerações futuras, em vez do mero crescimento no fluxo de produção (verde ou não).

A questão de fundo está na disparidade entre a demanda da humanidade e a oferta da natureza. Ela não exige apenas um aumento na oferta da natureza, mediante conservação e restauração dos ecossistemas, mas também da transformação das instituições, incluindo direitos de propriedade e uso, política regulatória, normas sociais, finanças, educação e contabilidade nacional.

Sem intervenção pública, a economia só poderá continuar caminhando para um desastre ambiental, especialmente porque o efeito do tamanho do mercado e a vantagem inicial de produtividade dos fatores "marrons" irão direcionar a inovação e a produção para esse lado, contribuindo para a degradação ambiental.

Mais importante ainda, a intervenção adiada é dispendiosa, não só devido às dificuldades ambientais, mas porque aumenta o fosso tecnológico entre os lados verde e marrom, implicando um período mais prolongado de crescimento lento no futuro.

Impostos sobre o carbono, por exemplo, têm muitas virtudes. No entanto, a maioria dos analistas tende a concluir que não será suficiente confiar no preço do carbono, devido a uma série de falhas de mercado. Por exemplo, nas decisões de investimento. A "dependência da trajetória" em relação aos investimentos é muito forte onde as oportunidades de lucro são claras.

Por um lado, a utilização apenas de alterações graduais nos preços relativos — tanto para reduzir as atuais emissões, como para influenciar o rumo da investigação e das tecnologias verdes — pode levar a impasse, uma vez que as alternativas atualmente rentáveis serão reforçadas.

Ao mesmo tempo, na ausência de outras políticas complementares, seriam necessários impostos extremamente elevados sobre o carbono fóssil para fazer da tecnologia verde uma alternativa viável. Mesmo que fosse possível obter aquecimento global inferior a 2 graus centígrados até 2100. Tais impostos sobre o carbono levariam a distorções excessivas.

É possível que aumente drasticamente o risco de uma grande crise de desemprego causada por um aumento nos preços da energia, grandes quedas no investimento e um aumento das falências.

Devido a esta dificuldade em superar a inércia na busca e adoção de tecnologia só por aumento do imposto sobre carbono, o investimento público de risco deve ser direcionado para a criação de oportunidades e para garantir que os investimentos em inovação verde sejam recompensados.

As políticas tendem a encorajar *startups* inovadoras e subsidiar a demonstração de algumas tecnologias-chave. Políticas industriais deveriam ser concebidas para superar desafios sociais, ambientais e tecnológicos e não para promover certas empresas ou socorrer indústrias perdedoras.

Parecem aumentar, então, os consensos entre economistas influentes de diferentes tradições de pensamento econômico. As convergências mais importantes relativamente à sustentabilidade talvez possam ser bem sintetizadas em quatro afirmações:

1) Depender apenas de mudanças nos preços relativos (mediante impostos ambientais) não será suficiente para evitar a catástrofe ecológica;

2) Evitá-la exigirá instrumentos de "comando e controle" com normas, proibições específicas e estabelecimento de áreas protegidas;

3) Mais importante ainda, exigirá substanciais investimentos públicos e privados em pesquisa e desenvolvimento de tecnologias verdes e em infraestruturas sustentáveis e resilientes;

4) É imprescindível ligar estreitamente qualquer "estratégia verde" à política de inovação, às políticas financeiras e à estrutura fiscal.

INÉRCIA

Tais "convergências" dizem respeito a uma linha de "crescimento verde inclusivo". Pois têm como certo que o crescimento ainda será obrigatório, em muitas regiões e durante muito tempo. Contudo, há também algum reconhecimento de que o crescimento não pode ser infindável.

Historicamente, o crescimento significou degradação ambiental. No entanto, sem crescimento, as sociedades experimentaram desemprego, mais pobreza e, portanto, crises sociais. Se os objetivos sociais permanecem, mas os objetivos ecológicos de longo prazo restringem o crescimento, deve ser considerada a forma como podem ser alcançados na sua ausência.

Consequentemente, no cerne do lema "além do crescimento" está a ideia de que nenhuma taxa de crescimento econômico — seja positiva, negativa ou zero — estará automaticamente correlacionada com benefícios ou custos, sociais ou ambientais. Dependerá inteiramente de como a produção e o consumo estiverem organizados, do que estiver crescendo e do que estiver decrescendo.

Os esforços sociais para enfrentar desafios importantes do século XXI — como o combate ao aquecimento global, a redução da perda de biodiversidade, a melhoria da saúde, do bem-estar e a redução das desigualdades — poderão muito bem ser consistentes com algum crescimento da produção agregada.

Mas isto não significa, necessariamente, que haja crescimento em todos os setores e atividades. Certamente, não no caso do "crescimento verde", pois exigiria uma mudança na composição das economias, com um decrescimento absoluto das tecnologias, do consumo e dos investimentos marrons.

Não basta que os investimentos verdes sejam adicionais aos investimentos totais. Pelo contrário, devem substituir os investimentos marrons, reduzindo-os, ao menos, em comparável proporção.

O mesmo se aplica ao consumo. Se o aumento das despesas dos consumidores significar uma procura cada vez maior de produtos da linha marrom, quaisquer restrições à produção de tais produtos levariam a fortes aumentos de seus preços, certamente frustrando políticas destinadas a reduzir a sua produção.

Os economistas mais preocupados com o que seriam "estratégias de crescimento verde" enfatizam as economias de escala na produção, aumentando a disponibilidade de inovações complementares e externalidades de rede, que reduzem custos e melhoram o desempenho à medida que aumenta a adoção de inovações verdes.

Isto significa aumentar e subsidiar promissoras inovações de nicho e investir em infraestruturas. No entanto, costuma ser subestimada a importância de:

1) Desestabilizar a configuração dominante dos sistemas de consumo-produção como motor para moldar a velocidade das transições;

2) Induzir mudança nas preferências dos consumidores no sentido de valorizar mais serviços verdes e reduzir o seu apetite por produtos marrons.

Pode haver relutância em investir em inovações, desenvolvê-las e adquiri-las, devido aos custos elevados, ao fraco desempenho, à pequena procura do mercado, às incertezas e aos sistemas bloqueados. Não há garantia de que inovações de nicho vencerão tais obstáculos.

No entanto, se vencerem, o regime original de consumo-produção declinará e um novo se expandirá, tornando-se cada vez mais ancorado em alteradas instituições, estruturas de poder, infraestruturas, práticas de utilização e visões de normalidade.

Para moldar a velocidade de tal dinâmica, os subsídios públicos que prejudicam a biosfera devem ser bem identificados e radicalmente reduzidos. O mesmo deve ocorrer com os fluxos financeiros privados que prejudicam e esgotam diretamente os ativos naturais.

Decisões políticas também precisam ir no sentido de enfraquecer as resistências e promover normas sociais compensatórias. O que pode ser feito via eliminação de subsídios perversos e redução de fluxos financeiros para atividades prejudiciais ao ambiente.

Há muito, os economistas ecológicos propõem que se tornem necessárias medidas voltadas a restringir cada vez mais as atividades econômicas que alimentam a inércia das atuais dificuldades ambientais.

Quatro dessas medidas são:

1) Criação de sistemas de limitação e leilão para recursos naturais básicos, incluindo quotas de extração, além das que existem para poluição e emissões de gases com efeito estufa;
2) Redução progressiva do consumo de combustíveis fósseis;
3) Desmantelamento dos incentivos ao consumismo, com regulação mais forte da publicidade e tributação de bens de status com graves repercussões ambientais;
4) Redução do tempo de trabalho, incentivando uma norma diferente de horários e estimulando as pessoas a fazerem escolhas deliberadas. Com o objetivo de facilitar a tradução das melhorias de produtividade do trabalho em menos tempo de trabalho, em vez de rendimentos sempre mais elevados e mais consumo.

Em vez de abraçar o objetivo de crescimento ou decrescimento *ex ante*, as sociedades poderiam fazer melhor na procura de apoio democrático para estas mudanças institucionais e políticas que têm um potencial desestabilizador.

Desajuste cultural

A direção da mudança tecnológica será influenciada pela dimensão do mercado de bens e serviços verdes. Então, as preferências podem ser uma fonte muito importante da chamada "dependência de trajetória" nos processos de inovação. É preciso compreender, então, como as preferências são culturalmente formadas e transmitidas de uma geração a outra.

Evoluem lentamente os traços culturais, incluindo os hábitos de consumo. São sempre muito fortes as tendências favoráveis à manutenção de tradições. Este "desajuste cultural" ajuda a entender a persistência de hábitos de consumo marrons e de instituições mal adaptadas em face de uma grave crise ambiental.

A dimensão e a persistência do defasamento dependerão do peso relativo dos "tradicionalistas", que orientam suas escolhas pelos valores, crenças e ações da geração anterior. Daí por que a trajetória das inovações verdes pode depender:

1) De todos os que atribuem um elevado valor à qualidade ambiental e, portanto, aos serviços verdes, em relação ao dos que mantêm hábitos de consumo tradicionais marrons;

2) Da velocidade de conversão das preferências marrons para as verdes.

Por um lado, se faltarem infraestruturas adequadas, só pode ser irrealista assumir que, mediante informação e educação, o consumo dos indivíduos seja orientado para escolhas sustentáveis. São infraestruturas que proporcionam mobilidade, habitação e fornecimento de energia. Os sinais de preços e a publicidade as empurram fortemente em direções insustentáveis.

Por outro, intervenções que ajudem a apoiar a adoção de novas crenças, valores ou ações, que melhor correspondam ao ambiente contemporâneo, podem melhorar o bem-estar e reduzir a prevalência de uma incompatibilidade na geração atual, bem como em todas as gerações subsequentes.

Isso implica um apelo à utilização mais ampla de instrumentos não monetários, tais como normas e proibições específicas, além da educação ambiental formal e parental. Mesmo que não substituam necessariamente instrumentos políticos baseados na fixação de preços.

A educação ambiental será decisiva para a aceitabilidade política e a longevidade dos instrumentos baseados em preços. Para além desse efeito, a educação ambiental aumenta a compreensão dos processos da biosfera e promove, desde cedo, a ligação das pessoas à natureza.

É difícil que as consequências dos hábitos de consumo que degradam a natureza possam ser bem rastreadas. Então, o Estado de direito, as normas sociais e os preços são insuficientes para fazer com que as pessoas considerem a racionalidade em suas escolhas diárias. Isso implica a necessidade de confiar em autodisciplina para que diminua o apetite dos consumidores por produtos das linhas marrons.

Métricas

Outro sintoma bem negativo está na fortíssima inércia do PIB como medida do crescimento econômico. Convenção que, ao contrário das expectativas, em nada está sendo realmente abalada pelas persistentes críticas que, há muito, deixaram de se restringir ao meio científico.

Os muitos apelos por outro modo de cálculo do desempenho econômico conseguiram, no máximo, que textos oficiais da ONU passassem a incluir raras e escondidas referências à necessidade de "complementá-lo".

A partir de 2024, alguns desses documentos passaram a dizer — sempre de forma a mais disfarçada possível — "complementar e ir além do PIB". Forma ambígua de incorporar um slogan que — seis anos antes — fora o título de outro livro lançado pela OCDE: *Beyond GDP* (2018).

Tal título se tornou uma das duas expressões-chave das redes voltadas à superação do PIB. Excelente entrada em tal universo pode começar por uma visita ao website <beyond-gdp.world>.

Imediatamente também aparecerá a sigla "WISE" que junta, ao "E" de economia, as três ambições centrais: "W" para bem-estar, "I" de inclusão e "S" de sustentabilidade. O melhor link é <wisehorizons.world>.

Tal link dá conta de um projeto que pretende "facilitar e acelerar uma mudança sistêmica na sociedade, criando uma estrutura baseada nas atuais narrativas, políticas e iniciativas pós-crescimento. Criará uma síntese de indicadores WISE — apresentados numa base de dados especial — e modelos WISE para transformar a modelização e a elaboração de políticas".

Trabalhos elaborados no âmbito dessa rede têm sido bem otimistas ao identificarem "sinais encorajadores" de que várias iniciativas da ONU, da OCDE e da Comissão Europeia estariam convergindo para uma base conceitual e terminológica comum.

Porém, por mais que se procure, nada permite confirmar que, de fato, existiriam tais "sinais encorajadores". No que se refere ao PIB como métrica universal do crescimento econômico, "tudo como dantes no quartel de Abrantes".

Para uma visão mais completa desse movimento anti-PIB são recomendáveis os dois "filhotes" da citada obra da OCDE: *For Good Measure* e *Measuring What Counts*. Ambos de 2019 e também de autoria do trio que liderou toda a iniciativa: Joseph E. Stiglitz, Jean-Paul Fitoussi (1942-2022) e Martine Durand, a diretora do departamento de estatísticas da organização.

Porém, por mais importantes que sejam estes três livros, em nada parecem alterar as mensagens que já haviam sido dadas — dez anos antes — com a preciosa ajuda de Amartya Sen, como se verá a seguir. As novas recomendações podem, no máximo, ter acrescentado ótimos conselhos de ordem operacional.

De qualquer forma, por mais que avance o movimento em favor de uma eventual superação do PIB, não será este o principal caminho de enfrentamento do dilema moral imposto pela continuidade da "Grande Aceleração".

Admitir o inverso seria apostar na existência de alguma solução de ordem técnica para um problema que exigirá complicadíssimos compromissos políticos. Esta é, aliás, uma das principais teses defendidas por Daniel Susskind, no já citado *Growth: A History and a Reckoning*. A rigor, a essência do "acerto de contas" destacado no subtítulo (*reckoning*).

Desmedindo

O que mais interessa está no livro: *Mis-Measuring Our Lives* (The New Press, 2010), que reproduziu o relatório de 2009 elaborado por Stiglitz, Sen e Fitoussi.

Sinteticamente, a proposta desse notável trabalho teve três grandes "mensagens", seguidas de suas catorze "recomendações":

Mensagem 1: Medir sustentabilidade difere da prática estatística *standard* em uma questão fundamental: para que seja adequada, são necessárias *projeções* e não apenas observações.

Mensagem 2: Medir sustentabilidade também exige necessariamente algumas respostas prévias a questões *normativas*. Também nesse aspecto há forte diferença com a atividade estatística *standard*.

Mensagem 3: Medir sustentabilidade também envolve outra dificuldade no *contexto internacional*. Pois não se trata apenas de avaliar sustentabilidades de cada país em separado. Como o problema é global — sobretudo em sua dimensão ambiental —, o que realmente mais interessa é a contribuição que cada país pode estar dando para a insustentabilidade global.

Quatro recomendações sobre a sustentabilidade:

1) A avaliação da sustentabilidade requer um pequeno conjunto bem escolhido de indicadores, diferente dos que podem avaliar qualidade de vida e desempenho econômico.

2) Característica fundamental dos componentes deste conjunto deve ser a possibilidade de interpretá-los como variações *de estoques e não de fluxos*.

3) Um índice monetário de sustentabilidade até pode fazer parte, mas deve permanecer exclusivamente focado na dimensão estritamente econômica da sustentabilidade.

4) Os aspectos ambientais da sustentabilidade exigem acompanhamento específico por *indicadores físicos*. E é particularmente necessário um claro indicador da aproximação de níveis perigosos de danos ambientais (como os que estão associados à mudança climática, por exemplo).

Cinco recomendações sobre qualidade de vida:

1) Medidas *subjetivas* de bem-estar fornecem informações-chave sobre a qualidade de vida das pessoas. Por isto, as instituições de estatística devem pesquisar as avaliações que as pessoas fazem de suas vidas, suas experiências hedônicas e suas prioridades.

2) Qualidade de vida também depende, claro, *das condições objetivas e das oportunidades*. Precisam melhorar as mensurações de oito dimensões cruciais: saúde, educação, atividades pessoais, voz política, conexões sociais, condições ambientais e insegurança (pessoal e econômica).

3) As *desigualdades* devem ser avaliadas de forma bem abrangente para todas estas oito dimensões.

4) Levantamentos devem ser concebidos de forma a avaliar *ligações* entre várias dimensões da qualidade de vida das pessoas, sobretudo para elaboração de políticas em cada área.

5) As instituições de estatística devem prover as informações necessárias para que as dimensões da qualidade de vida possam ser *agregadas*, permitindo a construção de diferentes índices compostos ou sintéticos.

Cinco recomendações sobre os clássicos problemas do PIB:

1) Olhar para *renda e consumo* em vez de olhar para a produção.

2) Considerar renda e consumo em *conjunção com a riqueza*.

3) Enfatizar a *perspectiva domiciliar*.

4) Dar mais proeminência à *distribuição* de renda, consumo e riqueza.

5) Ampliar as medidas de renda para *atividades não mercantis*.

Havia sido criada uma falsa expectativa sobre o trabalho dessa comissão. Alguns acharam que ela já fosse fazer uma proposta concreta de radical substituição do PIB por algum outro indicador sintético que pudesse medir simultaneamente o desenvolvimento e sua sustentabilidade, tendo a qualidade de vida e o desempenho econômico como partes integrantes do desenvolvimento.

Não há dúvida de que o resultado está longe disso. Até evita qualquer discussão sobre as noções de desenvolvimento ou de progresso social.

Mas o mais importante não é saber se realmente surgiu algo de novo para os infindáveis debates conceituais sobre o desenvolvimento e o progresso. O que interessa é avaliar se as recomendações do relatório poderiam iluminar o intrincado processo capaz de levar — em futuro certamente distante — a uma maneira consensual de se medir avanços e recuos no rumo do desenvolvimento sustentável.

Neste sentido, a contribuição da comissão foi extremamente positiva. Mesmo que não tenha construído novos indicadores, seu relatório final esclarece quais são os principais obstáculos e mostra o que precisaria ser feito para superá-los.

Podem ser sintetizadas em três tópicos as orientações do relatório para que o desenvolvimento sustentável possa ser monitorado: a) Ser bem pragmático sobre a sustentabilidade; b) Abrir o leque da qualidade de vida; c) Superar a contabilidade produtivista.

a) *Ser bem pragmático sobre a sustentabilidade*

A comissão optou por tratar a sustentabilidade de forma muito mais ampla do que costuma sugerir o adjetivo "sustentável" quando aposto a qualquer outro termo. Por exemplo, quando diz que os já difíceis pressupostos e escolhas normativas ficam ainda mais complicados pela existência de "interações entre modelos socioeconômicos e ambientais seguidos por diferentes países". Ou quando se refere a um "componente 'econômico' da sustentabilidade" relativo ao "sobreconsumo de riqueza".

É preciso lembrar que — em suas origens mais recentes — a ideia expressa pelo adjetivo "sustentável" se refere à necessidade de que o processo socioeconômico conserve suas bases naturais, ou sua biocapacidade. Foi no progressivo abandono do qualificativo em favor do substantivo que surgiu a ideia de "componentes" não biofísicos da sustentabilidade.

Isto tem várias implicações, principalmente quando a biocapacidade passa a ser entendida como um capital (natural) ao lado de capitais humanos/sociais e físicos/construídos. Ou seja, em vez de se enfatizar a imprescindível dimensão ambiental do processo que se costuma chamar de desenvolvimento ou de progresso social, passa-se a tratá-la ao lado de várias outras — cuja lista pode ser bem longa, contribuindo para uma séria diluição da ideia original.

Um bom exemplo está justamente nas abordagens que separam os indicadores em dois exclusivos "domínios": um chamado de "bem-estar de fundo" (*foundational well-being*) e outro chamado de "bem-estar econômico".

Indicadores normalmente considerados ambientais estão distribuídos por esses dois domínios. No primeiro, surgem desvios de temperatura, concentrações de ozônio e particulados, disponibilidade de água e fragmentação dos *habitats* naturais, junto com indicadores de educação e de expectativa de vida ajustada pela saúde.

No segundo, indicadores de recursos energéticos, minerais, madeireiros e marinhos, junto com indicadores de capitais (produzido, humano e natural) e de investimentos externos. O conjunto de indicadores de desenvolvimento sustentável, propostos por tal visão, consorcia dois grupos: um socioambiental com seis, e outro, econômico-ecológico, com oito.

Ao dar destaque a tal abordagem, o terceiro subgrupo da comissão (que ficou encarregado do tema "Desenvolvimento Sustentável e Meio Ambiente") acabou mostrando — talvez sem querer — certa discordância com os temas dos outros dois subgrupos: desempenho econômico (clássicos problemas do PIB) e qualidade de vida (inteiramente centrada na ideia de bem-estar).

Todavia, tais ambiguidades temático-classificatórias não impediram que o terceiro subgrupo fizesse oportunas recomendações. A mais importante foi enfatizar que qualquer indicador monetário de sustentabilidade deve permanecer focado apenas em seus aspectos estritamente econômicos.

Não apenas porque grande parte dos elementos que interessam não tem preços definidos por mercados. Também porque, mesmo para os que tivessem, não haveria qualquer garantia de que os preços exprimissem a sua importância para o bem-estar futuro.

O conjunto de indicadores que poderá mensurar a sustentabilidade deve informar sobre as variações de *estoques* que escoram o bem-estar humano. Mas a maior ênfase da comissão está na absoluta necessidade de que os aspectos propriamente ambientais da sustentabilidade sejam acompanhados pelo uso de indicadores *físicos* bem escolhidos.

O recado é claro: buscar bons indicadores não monetários da aproximação de níveis perigosos de danos ambientais. Como, por exemplo, os que estão associados à mudança climática. É possível deduzir, então, que se as intensidades-carbono das economias viessem a ser bem calculadas, poderiam ser os indicadores das contribuições nacionais à insustentabilidade global.

Melhor ainda se surgissem medidas parecidas para o comprometimento dos recursos hídricos e para a erosão de biodiversidade. Talvez bastasse esta trinca para mostrar a que distância se está do caminho da sustentabilidade.

Finalmente, uma definição de sustentabilidade quase perdida no miolo do texto: a questão é sobre o que nós deixamos para as futuras gerações e se lhes deixamos suficientes recursos de todos os tipos para que possam desfrutar de oportunidades ao menos equivalentes às que tivemos.

b) *Abrir o leque da qualidade de vida*
É outra a direção das cinco recomendações sobre qualidade de vida. Neste caso, não se trata de propor algo simples e bem prático depois de mostrar todas as precariedades das demais tentativas de se atingir o mesmo objetivo. Ao contrário, o relatório propôs que as instituições de estatística fizessem coisas tão complexas, que seria muito difícil convencê-las. E as que se convencessem teriam ainda mais dificuldade para executá-las.

Para começar, a comissão quis que todo o acúmulo já existente sobre avaliações subjetivas de bem-estar fosse incorporado a avaliações de qualidade de vida. Mesmo depois de apontar quais as questões ainda não resolvidas pelas pesquisas voltadas à aferição de satisfação com a vida e de experiências hedônicas.

c) *Superar a contabilidade produtivista*

Repetindo: as cinco recomendações relativas aos clássicos problemas do PIB são as mais diretas e incisivas: 1) olhar para *renda e consumo* em vez de olhar para a produção; 2) considerar renda e consumo em *conjunção com a riqueza*; 3) enfatizar a *perspectiva domiciliar*; 4) dar mais proeminência à *distribuição* de renda, consumo e riqueza; 5) ampliar as medidas de renda para *atividades não mercantis*.

Trata-se de um claro reconhecimento de que está inteiramente obsoleta a opção produtivista que orientou a montagem do atual sistema de contabilidades nacionais.

No contexto de meados do século XX, a maior preocupação dos técnicos que se envolveram só poderia ser mesmo o aumento da produção. Porém, não deixa de ser assombroso que o desempenho econômico das nações continue a ser medido somente por aumentos da produção mercantil interna e bruta.

5.
DESENVOLVIMENTO

Em 1987, o relatório *Our Common Future* (WCEP) estabeleceu uma fronteira entre duas visões do desenvolvimento. Foi ele o supremo ideal coletivo ao longo dos quarenta anos precedentes, sem quaisquer qualificações ou restrições. Desde então, passou a só fazer sentido se acompanhado do adjetivo "sustentável".

Desnecessário dizer que tal mudança foi imposta pelo avanço da consciência sobre o quanto o desenvolvimento depende da saúde da biosfera. No século XX, a implícita aceleração do crescimento econômico já corroera demais as bases ecossistêmicas da prosperidade, ou do progresso, das sociedades humanas.

Ao ponto de terem sido sinergicamente ultrapassados os três limiares ecológicos globais mais avessos à apropriação privada ou estatal: biodiversidade, clima e oceanos. Entendidos como "bens comuns", integralmente, nos casos da diversidade biológica e da atmosfera, e em imensa medida, no dos oceanos.

Profecia

Como mencionado ao final do primeiro capítulo, uma profecia sobre a "tragédia dos comuns" já havia sido lançada, em 1968, pelo ecólogo estadunidense Garrett Hardin

(1915-2003), em uma das mais influentes matérias da revista *Science*.

Porém, sustentabilidade é uma noção que admite a chance de que venham a ser conservados — e até recuperados ou regenerados — os sistemas vitais que constituem a condição biogeofísica *sine qua non* da própria evolução da espécie humana e do progresso de suas sociedades, em grande parte "bens comuns".

O artigo "The Tragedy of the Commons" foi uma versão revisada do discurso presidencial que Hardin proferiu no encontro regional da Associação Americana para o Avanço da Ciência, em 25 de junho de 1968, na Universidade de Utah.

Esta é uma advertência indispensável, pois permite entender a razão de um estilo que está muito longe da sobriedade de artigos que somente após razoável escrutínio por pareceres anônimos são publicados por periódicos como *Science*. Em flagrante contraste, trata-se de um retórico alerta sobre a perspectiva da "superpopulação" como ameaça à "capacidade de suporte" da biosfera.

Um alarme não confirmado pelas tendências demográficas. Mas este acabou por ser o menor dos deslizes de Hardin. Muito pior foi a desenvoltura com que atacou liberdades.

A tragédia, que estaria na própria essência dos bens comuns, seria a da liberdade de explorá-los, como enuncia o segundo subtítulo: "Tragedy of Freedom in a Commons". É a partir daí que surge a célebre descrição da inevitabilidade de sobrepastoreio em qualquer área que não obedeça a direito de propriedade privada ou estatal.

Mais: "Freedom to Breed is Intolerable" é o quinto subtítulo, que precede a defesa de controle coercitivo da natalidade contra a liberdade de procriar, seguida de chocantes diatribes sobre a Declaração dos Direitos Humanos, a própria ONU e o "Welfare State".

Além de tudo isso, conforme sua má interpretação da obra de Charles Darwin, a natureza "se vingaria" de uma consciente redução da natalidade, pois uma variedade *Homo contracipiens* terminaria por ser extinta após algumas centenas de gerações, e seria substituída pela variedade *Homo progenitivus*.

O mesmíssimo argumento também se aplicaria a qualquer situação em que uma sociedade apelasse a um indivíduo que estivesse explorando um bem comum para que, conscientemente, se contivesse em favor do bem geral. Em suma: tudo seria inviável sem coerção.

Após irônicas incursões pelo âmbito psíquico (referindo-se a Nietzsche e a Freud, entre outros), Hardin propõe a seguinte síntese de sua reflexão: bens comuns só poderiam ser admissíveis em circunstâncias de baixa densidade demográfica. Teria sido por esta razão que, com o crescimento populacional, vários tipos de bens comuns foram necessariamente abandonados, sempre com prejuízo de algumas liberdades individuais.

Para ele, na época moderna, indivíduos que ainda estejam sujeitos à lógica de bens comuns são livres apenas para causar a ruína universal. Sem que percebam a necessidade de mútua coerção, não se tornam realmente livres para outras ambições.

Há vários motivos, portanto, para que se duvide de que os inúmeros usuários da repetidíssima expressão "tragédia dos comuns" tenham tido pleno conhecimento da linha de argumentação contida no artigo que a tornou célebre.

Governança

O fato é que não foi constatado qualquer risco de esgotamento de recurso natural em inúmeros casos de exploração coletiva de bens comuns por agrupamentos humanos que deles dependem para sobreviver.

Numerosas evidências de que pode ser evitada a dita "tragédia" profetizada por Hardin têm sido catalogadas e estudadas, desde 1973, por um grupo de pesquisa da Universidade de Indiana (Bloomington), que hoje se intitula "The Vincent and Elinor Ostrom Workshop in Political Theory and Policy Analysis".

Tão importante acervo de resultados de investigações empíricas só ganhou visibilidade mundial três anos antes do falecimento de Elinor Ostrom (1933-2012), quando ela compartilhou o Prêmio Nobel de Economia com Oliver Williamson, por contribuições complementares para o avanço científico a respeito daquilo que tem sido chamado — desde o início dos anos 1990 — de "governança econômica".

Ele, Vincent, para a relação "mercado/empresas". Ela, para os "bens públicos", que incluem os *common-pool resources* (CPRs), um dos principais focos dos estudos do casal Ostrom.

Elinor foi premiada basicamente por ter demonstrado a inconsistência da tese segundo a qual a "propriedade comum" deveria ser totalmente privatizada ou regulada por autoridades centrais, por ser inevitavelmente mal gerenciada.

Claro, o valor heurístico da obra dos Ostrom para análises sobre manejo comunitário de recursos naturais — e mesmo para a identificação dos determinantes das possibilidades de recuperação ambiental — se baseia em casos que envolvem entre cinquenta e quinze mil usuários. Bem distantes, portanto, das fronteiras ecológicas globais já ultrapassadas, mesmo que elas constituam os mais importantes *common-pool resources*.

A pergunta que se impõe, então, é se a teoria que daí foi derivada poderia ajudar em análises sobre a governança desses recursos globais.

Um novo entendimento da ação coletiva foi proposto por Elinor Ostrom em discurso presidencial ao congresso da American Political Science Association (APSA) de 1997, baseada na aplicação da matemática "teória dos jogos" para solucionar uma das questões que mais intrigava os pesquisadores das Humanidades, especialmente os das relações internacionais: num mundo de egoístas desprovido de governo central, em que condições tende a emergir a cooperação?

Uma resposta original e persuasiva já havia sido dada, desde 1981, pelo cientista político da Universidade de Michigan Robert Axelrod, que, três anos depois, lançou o hoje clássico *The Evolution of Cooperation*.

Sua proeza foi executar inéditas simulações computacionais que confirmaram hipóteses formuladas, na década anterior, por biólogos evolutivos: nepotismo e reciprocidade seriam os dois fatores determinantes da cooperação. Na ausência do primeiro, ela estaria na dependência de um padrão comportamental em que cada um dos atores repete o movimento do outro, reagindo positivamente a atitudes cooperativas e negativamente a gestos hostis.

Como sempre ocorre na ciência, uma boa resposta faz com que pipoquem novas dúvidas. Por exemplo: se por mera razão acidental um dos atores falhar em fazer o esperado movimento positivo, isto por si só inviabiliza a continuidade da cooperação? O que ocorreria quando o esquema de cooperação envolvesse mais do que dois atores?

Foram questões como estas que alavancaram o fulgurante avanço da biologia matemática nas últimas décadas. Hoje se sabe que o padrão "toma-lá-dá-cá" (*tit-for-tat*) não passa de uma das três modalidades de uma das dinâmicas de cooperação.

É uma manifestação rudimentar do que passou a ser chamado de "reciprocidade direta". Novas simulações indicaram que eventual passo em falso pode engendrar uma segunda chance, em tática apelidada de "toma-lá-dá-cá generoso", a origem evolutiva do perdão.

Desdobramentos ainda mais sofisticados revelaram a existência de uma terceira forma de reciprocidade direta, na qual o agente inverte sua atitude anterior ao notar que as coisas vão mal, mas logo depois volta a cooperar. Algo que já era bem conhecido na etologia como comportamento *"win--stay, lose-shift"*, comum entre pombos, macacos, ratos e camundongos.

Outro vetor da cooperação, chamado de "reciprocidade indireta", foi crucial para a evolução da linguagem e para o próprio desenvolvimento do cérebro humano, pois se baseia no fenômeno da reputação. Neste caso, o que condiciona as atitudes dos atores são comportamentos anteriores em relações com terceiros. Aqui, a cooperação avança quando a probabilidade de um agente se inteirar sobre a reputação do outro compensa o custo/benefício do ato altruísta.

Trindade

Na síntese feita por Elinor Ostrom para o congresso da APSA de 1997, o núcleo duro de sua explicação está no relacionamento entre três vetores: reciprocidade, reputação e confiança. Isto é, tudo depende das probabilidades de que os agentes assegurem reciprocidade, invistam em reputação digna de crédito e alcancem mútua confiança.

Uma trinca que não pode deixar de ser comparada aos três "organizadores sociais" identificados na bem anterior abordagem da evolução social proposta por Kenneth Boulding. No que chamou de "ecodinâmica", Boulding (1978) também havia identificado três tipos de relacionamento que levam à criação de grandes redes de hierarquia e dependência: ameaças, trocas e integração.

Por ameaça entende alguma afirmação, explícita ou implícita, do tipo "você faz algo que eu quero ou farei algo que você não quer". Ou ainda: "você faz algo que eu perceberei como incremento à minha condição ou farei algo que você perceberá como detrimento à sua". Quatro tipos de reações são possíveis: submissão, contestação (desafio, drible, blefe), contra-ameaça (dissuasão) e fuga. O exemplo mais óbvio de ameaças entre nações é a corrida armamentista.

Um relacionamento de troca entre duas partes costuma começar com um convite em vez de um desafio. Tal convite pode ser do tipo "você faz algo que eu quero e eu farei algo que você quer", ou simplesmente o já mencionado toma-lá-dá-cá. No extremo oposto da ameaça, a troca envolve, é claro, reciprocidade.

Como a troca de mercadorias está na origem da divisão do trabalho e de tudo o que gerou como diversificação dos sistemas econômicos, além das inter-relações entre produção, consumo, preços e estoques, a ilustração escolhida por Boulding para o seu modelo foi o do entrelaçamento entre trocas e ameaças, o que o levou a esboçar alguns esquemas básicos da "teoria dos jogos".

Bem menos óbvia é a terceira classe de organizadores sociais, denominada pelo autor "sistema integrativo". A ela pertencem todos os tipos de relacionamento que agregam ou desagregam os seres humanos, para além das ameaças e das trocas, muito embora não seja fácil dissociá-los, pois todos os relacionamentos concretos envolvem alguma combinação entre os três.

Também não é mera coincidência a similaridade entre os três "organizadores sociais" de Boulding e as variáveis centrais das três linhagens teóricas que paulatinamente surgiram nas pesquisas sobre relações internacionais: poder (no realismo), interesses (no institucionalismo) e conhecimento (no construtivismo).

Então, é bem provável que, quanto mais avançarem teorias sobre casos de clara prevalência da cooperação — o avesso da profecia de Hardin —, as linhagens da ciência política sobre as relações internacionais fiquem mais articuladas e integradas aos *insights* de Ostrom e de Boulding a respeito dessa trindade "poder-interesse-legitimação".

Basta que se considere o mais recorrente resultado das pesquisas sobre cooperação no âmbito da "teoria dos jogos": sua natureza cíclica. A cooperação é sempre oscilatória. Vai e vem, aumenta e diminui como se fosse a batida do coração.

É por isso que, apesar de sermos extraordinários cooperadores, a sociedade humana tem sido — e sempre será — assolada por conflitos. Exatamente o que disse, em 2006, no número 314 da *Science*, Martin Nowak, professor de biologia matemática em Harvard, no artigo "Five Rules for the Evolution of Cooperation".

Uma conclusão que não poderia fornecer melhor base para o início de uma reflexão sobre o cerne da sustentabilidade: sua natureza global. Que exige um exame do atual debate sobre o que tem sido chamado de "governança global", expressão que se legitimou depois da Guerra Fria para designar a maneira pela qual o mundo se articula graças à cooperação.

Global

A noção de "governança global" se impôs, nos anos 1990, não apenas devido à emergência da mais complexa ordem de desalinhamento multipolar do pós-Guerra-Fria. Ela também reflete o simultâneo aumento da participação e influência de agentes da sociedade civil — principalmente do empresariado e do terceiro setor — nos processos que criam e gerenciam acordos e organizações internacionais.

Quase um quarto de século após o crepúsculo da ordem bipolar, duas das mais respeitadas autoridades no tema — Robert O. Keohane (Princeton) e David Held (Durham, UK) — lançaram interpretações diferentes, embora compatíveis, sobre o estado atual de tal governança.

Para Keohane, há um duplo desapego do padrão de governança assentado nos estruturantes regimes ocidentais nascidos em Bretton Woods e no deslanche das Nações Unidas. Por um lado, foi aumentando o multilateralismo "de contestação" e, por outro, emergindo dois novos tipos ou "modos" mais pluralistas de governança — o "orquestrado" e o "experimentalista" — que incipientemente complementam o padrão fundacional.

O multilateralismo contestatório começou nos anos 1960, com a articulação da Unctad por países do Sul, exemplo logo imitado pelos do Norte, com a criação da WIPO para proteger a propriedade intelectual. Fenômeno que proliferou em áreas tão diversas quanto a da energia, com a Irena, das vacinas, com a GAVI, do combate à AIDS, com a Unaids, da biodiversidade, com o Protocolo de Cartagena, e mesmo na da segurança, com a PSI.

Comum em tais processos é a formação de uma minoritária coalizão de insatisfeitos com o *status quo* de algum dos regimes em vigor, mas que não demora a crescer e a se legitimar, vencendo assim a inércia e as fortes resistências de organizações como OMC, AIE, OMS, de convenções — como a CBD e a Unclos —, e mesmo do Conselho de Segurança da ONU.

As novas iniciativas ditas "orquestradas" são as tentativas de ampliar e/ou aprofundar a governança mediante incorporação de novos atores, mas sob a égide de organizações internacionais já existentes, que quase sempre pertencem ao padrão fundacional do período 1944-1971.

Os exemplos mais óbvios são os que regulam áreas como energia, segurança alimentar, saúde, propriedade intelectual, combate à corrupção, refugiados e — com grande destaque — a mudança climática. Também são enquadrados neste tipo de governança os acordos bilaterais e regionais que pululam no âmbito do comércio internacional.

Já "experimentalistas" são as iniciativas que se destacam por uma tripla originalidade: participação aberta de uma grande variedade de entidades (públicas ou privadas), ausência de hierarquia formal no interior dos arranjos de governança e intensa concertação nos processos decisórios e executivos.

Enquanto nos padrões fundacional e orquestrado são fixadas regras precisas, obrigatórias e definitivas, que correspondem a pretensas certezas, no experimentalista prevalecem metas provisórias, sempre ligadas a procedimentos de revisão periódica baseada em avaliação por pares (*peer review*), o que reflete a consciência dos limites passageiros ou duradouros das previsões.

Mas somente três casos fazem parte deste terceiro tipo: o controle das substâncias prejudiciais à camada de ozônio (Protocolo de Montreal), a proteção interamericana de golfinhos ameaçados pela pesca do atum (no âmbito da IATTC), e a Convenção sobre os Direitos das Pessoas com Deficiências (UNCRPD).

Nada que entusiasme David Held, para quem tudo se encontra travado devido a um problema mais profundo, de caráter histórico-conjuntural: o brutal congestionamento (*gridlock*) advindo do próprio sucesso da cooperação multilateral ao longo da segunda metade do século XX.

Para Held, não adianta tentar entender o atual déficit de cooperação em áreas estratégicas — como a da não proliferação de armas nucleares, a climática, a comercial, ou a financeira — sem ter em conta a dinâmica comum que sustenta tais impasses.

Esta tendência mais ampla e profunda não pode ser explicada por uma única causa, seja a ascensão dos países emergentes, seja a sobreposição de arranjos internacionais. Muito menos pode ser atribuída à forte persistência do soberanismo nacional, pois ele não impediu o grande avanço do multilateralismo na chamada "Idade de Ouro". Pior: a cooperação se revela mais difícil e deficiente no momento em que parece mais necessária.

A tese de Held não poderia ser mais consistente com o que dizem as pesquisas sobre cooperação realizadas com a ajuda da "teoria dos jogos", pois, como já foi dito acima, o resultado mais comum de todas as simulações é a natureza inevitavelmente cíclica da dinâmica de cooperação.

Depois de inibir os desertores por um longo período, um estranho "exagero" dos altruístas os condena à extinção, abrindo-se um período dominado pela falta de cooperação. Isso ocorre em todos os fenômenos da natureza que sejam populacionais.

Então, o maior desafio passa a ser o de identificar os processos que serão decisivos para o arranque da próxima fase ascendente do ciclo, entre os quais certamente se destacam os que Keohane chama de multilateralismo contestatório e de modos de governança orquestrado e experimentalista.

Para que se possa realisticamente almejar a sustentabilidade, certamente será preciso injetar altas doses de "experimentalismo" na "governança ambiental global", na "governança do Sistema Terra", ou, melhor, na "governança do complexo Terra".

Descompasso

Entendimentos da comunidade internacional sobre os cuidados exigidos pela conservação do meio ambiente são muito mais antigos do que se imagina, mas houve uma profunda virada histórica desde que passou a ser efetiva a influência da organização especializada das Nações Unidas, o Pnuma.

Apesar de ter sido uma frágil construção institucional para o enfrentamento de tamanho desafio, foi notável o desempenho desse mero "programa" para que os fundamentos biogeofísicos do desenvolvimento humano começassem a ser levados a sério.

Antes da conferência Rio-92 — que celebrou os acordos sobre a mudança climática (UNFCCC) e sobre a biodiversidade (CBD) — o Pnuma já havia tido papel decisivo na adoção de outras cinco convenções, entre as quais a mais exitosa, que criou, desde 1985, o regime de controle das substâncias que destroem a camada de ozônio.

As outras quatro convenções foram sobre o comércio internacional de espécies ameaçadas de fauna e flora selvagens (Cites, 1973), sobre a poluição atmosférica além-fronteiras (CLRTAP, 1979), sobre o direito do mar (Unclos, 1982), e sobre o controle de movimentos transfronteiriços de resíduos perigosos e sua eliminação (Basileia, 1989).

Todavia, na virada do milênio, a resultante de tais iniciativas estava longe de corresponder às expectativas dos quatro grupos internacionais de pesquisa sobre mudanças ambientais globais, respectivamente voltados ao clima, à relação geosfera/biosfera, às dimensões humanas de tais mudanças e à biodiversidade. Razão para que se juntassem numa "Parceria Científica sobre o Sistema Terra" (ESSP, Earth System Science Partnership), lançada em 13 de julho de 2001.

Toda a ênfase da "Declaração de Amsterdã", que definiu a ESSP, foi dada à urgente necessidade de uma base ética para a supervisão/administração (*stewardship*) global, assim como de planos para a gestão/gerenciamento (*management*) do Sistema Terra, pois a maneira corrente (*business as usual*) de se lidar com ele não seria mais uma opção. Deveria ser substituída — assim que possível — por políticas de boa gestão (*good management*) que sustentem o ambiente e o cumprimento dos objetivos de desenvolvimento social e econômico.

É interessante notar que não foi mencionada a ideia de entrada no Antropoceno, já defendida, desde o ano anterior, pelo geoquímico holandês Paul Crutzen com o geólogo e biólogo americano Eugene Stoermer.

Também é importante destacar o uso do termo "*management*", em vez de governança. O que só poderia causar estranheza entre pesquisadores das Humanidades, devido às suas conotações hierárquicas sobre direção, planejamento e controle das dinâmicas sociais.

Daí por que, a partir de 2007, começou a se destacar a fórmula alternativa "governança do Sistema Terra", muito usada pelo cientista político, também holandês, Frank Biermann para se referir a um novo fenômeno mundial que deveria ser simultaneamente um tema transversal de pesquisa e um programa político.

O maior desafio, segundo tal interpretação, está na busca de uma "arquitetura institucional" que possa ser "adaptável à evolução das circunstâncias, participativa mediante envolvimento da sociedade civil em todos os níveis, além de responsável e legítima, como parte de uma nova governança democrática para além do Estado-nação, e, ao mesmo tempo, justa para todos os participantes". Desafio que só poderá ficar cada vez mais evidente conforme for aumentando a consciência sobre o significado da entrada no Antropoceno.

Porém, por enquanto o que existe é um imenso descompasso entre a necessidade de tal "arquitetura" e a realidade dos fatos no âmbito da cooperação mundial, ao menos desde a apoteótica Cúpula da Terra, realizada no Rio em 1992. Além de os regimes ambientais continuarem a se sobrepor, crescentes dificuldades de entendimento sobre os caminhos que poderiam dar alguma eficiência às grandes convenções só acentuaram a situação de impasse.

Congestionamento

Não há dúvida de que a Conferência de Estocolmo, de 1972, foi o equivalente para as questões ambientais ao que haviam sido os entendimentos de Bretton Woods (1944) para as econômicas e de segurança, assim como os de San Francisco (1945) para a construção da ONU.

No entanto, a grande diferença entre esses dois momentos fundacionais decorreu da profunda mudança geopolítica ocorrida nas três décadas do pós-guerra: a ascensão, mesmo que raquítica, do que então era chamado de "Terceiro Mundo".

Em Estocolmo, tudo girou em torno das opostas visões que prevaleciam nos países ricos e nos países pobres sobre a importância relativa e a urgência dos temas ambientais, sem qualquer prenúncio do que viria a ocorrer mais tarde com o surgimento das economias "emergentes", simultâneo ao fim do "Segundo Mundo".

No âmbito do meio ambiente, o multilateralismo esteve, desde o nascimento, sob a égide do que hoje se chama de clivagem Norte/Sul, sendo que o poder de barganha do Sul se mostrou relativamente maior do que nas áreas econômica e da segurança.

Além de a problemática ambiental ser mundialmente bem menos concentrada que a econômica e a da segurança, iniciativas para a conservação ou recuperação de recursos naturais são bem mais difíceis de ser delegadas.

Em 1972 já existiam fortes agências internacionais — como a FAO, ou a OMM (Organização Mundial de Meteorologia), por exemplo —, que se mostravam relutantes em ceder espaços institucionais, ainda mais a um mero novo "programa", como o Pnuma, que sequer responderia diretamente à Assembleia Geral, pois submetido ao Ecosoc.

Mais: a inércia das estruturas de governança, que tão bem funcionaram no quarto de século anterior — chamado de "Idade de Ouro" ou de "Trinta Anos Gloriosos" — fez com que o enquadramento multilateral das questões ambientais já nascesse inteiramente marcado pelo fenômeno da fragmentação. Uma das principais razões para que se afirme que os compromissos de Estocolmo, em 1972, devam ser basicamente lidos como um exemplo precoce do papel da multipolaridade na geração do congestionamento (*gridlock*).

O excepcional sucesso do regime do ozônio se deve ao fato de ter escapado de tal lógica, por não incomodar os países do Sul, produtores bem marginais dos gases que destroem a camada, principalmente os CFCs. Além disso, a solução tecnológica para a substituição de tais gases já existia e era simples, ao contrário do que ocorre para outras questões ambientais globais, com destaque para a climática.

Mesmo as resistências políticas à influência e à liderança do Pnuma mostraram-se facilmente superáveis. Todos os mecanismos geradores de congestionamento estiveram ausentes, então, do impulso gerado pelo Protocolo de Montreal.

Esta foi, contudo, uma feliz exceção, como mostrou a tentativa apressada de reproduzir o modelo do ozônio para outras questões com o intuito de firmar mais três ou quatro grandes convenções no evento que muitos imaginavam poder vir a ter o caráter fundacional de uma espécie de Bretton Woods do meio ambiente: a Cúpula da Terra de 1992.

Ao contrário, as convenções adotadas em 1992 para lidar com o clima e a biodiversidade, assim como as 600 páginas da Agenda 21, aprofundaram o congestionamento, por mais importante que possa ter sido a Declaração do Rio.

Convergência

Enquanto, por um lado, as fronteiras ambientais globais foram se mostrando cada vez mais interligadas, e até unificadas, por outro, foram se revelando cada vez mais fragmentadas as instituições criadas para promover e organizar as ações cooperativas multilaterais necessárias à sua governança. Um contraste considerado, por vários analistas, como "trágica ironia", mas que Elinor Ostrom provavelmente interpretaria de maneira bem diferente, como sugerem seus escritos dos últimos três anos de vida.

No último artigo de Elinor Ostrom, publicado coincidentemente no dia de seu falecimento (12 de junho de 2012), o tema foi a Rio+20, cujos trabalhos seriam abertos na semana seguinte. Trata-se de uma enfática crítica aos que estariam torcendo para que ali os líderes se entendessem sobre um "Plano A para o Planeta Terra", capaz de "proteger o sistema em que se apoia nossa vida e evitar uma crise humanitária global".

Contra esse tipo de torcida, Ostrom insiste na necessidade de uma abordagem múltipla e descentralizada, entendida como um processo em que a elaboração de políticas verdes esteja alicerçada na diversidade das bases (*grassroots diversity in "green policymaking"*).

O argumento retoma uma antiga convicção do grupo de pesquisa organizado na Universidade de Indiana, nos EUA, pelo casal Ostrom. Principalmente sobre a necessidade incontornável de que os bens comuns tenham um tipo de governança "policêntrica".

Esta é a ideia-chave sobre a qual Elinor Ostrom fez absoluta questão de insistir, desde o discurso feito na cerimônia do Prêmio Nobel em 8 de dezembro de 2009. Foi retomada em todos os títulos de seus trabalhos posteriores, além de ter sido o tema central de reflexões sobre a própria trajetória intelectual do grupo: "Beyond Markets and States: Polycentric Governance of Complex Economic Systems", "A Polycentric Approach for Coping with Climate Change", "A Long Polycentric Journey" e "Polycentric Systems for Coping with Collective Action and Global Environmental Change".

Para Elinor Ostrom, políticas adotadas apenas em escala global não são capazes de gerar confiança suficiente entre os cidadãos e as empresas, de modo a que a ação coletiva seja abrangente e transparente. Isto só é possível com iniciativas "policêntricas" em vários níveis, sob a supervisão ativa dos atores locais, regionais e nacionais.

Para os Ostrom e seu grupo, o grande trunfo da abordagem "policêntrica" é o estímulo a esforços experimentais em vários níveis, por atores múltiplos, que levam a melhores métodos de avaliação dos custos e benefícios das saídas adotadas em um tipo de ecossistema, para compará-los com os resultados obtidos em outros.

Por exemplo: construir um forte compromisso sobre maneiras de reduzir as emissões individuais de carbono é um elemento crucial para lidar com o problema da mudança climática.

A responsabilidade pode ser mais eficazmente assumida em unidades de governança de pequeno e médio porte que estejam ligadas entre si em redes de monitoramento de informações em todos os níveis.

Para o grupo formado pelo casal Ostrom, é absurdo esperar por grandes soluções negociadas em nível global se elas não vierem já apoiadas nos esforços nacionais, regionais e locais, os que realmente podem garantir que funcionem.

Em vez de somente um esforço global, seria muito melhor adotar conscientemente uma abordagem "policêntrica" para alcançar benefícios em múltiplas escalas e simultaneamente encorajar experimentação e aprendizado de diversas políticas adotadas em múltiplas escalas.

Impossível, portanto, não notar o grau de convergência entre esta abordagem e aquela chamada de "modo de governança experimentalista", mesmo que, na segunda, haja bem menos ênfase nos níveis subnacionais de pequena e média escala. E será certamente de tal convergência que poderá surgir um movimento decisivo que anuncie a próxima fase ascendente do ciclo de cooperação, ultrapassando o atual congestionamento, ou impasse.

Tudo o que foi dito até aqui teve por intuito mostrar por que o debate sobre governança global é tão decisivo para se entender o ideal do desenvolvimento sustentável. Mas está longe de ser suficiente para a análise de ideal tão ambicioso.

Sustentável

Infrutíferas tentativas de promover um suposto "conceito" de desenvolvimento sustentável só aumentam a lista dos contorcionismos retóricos. Bem mais prudente é que a análise da expressão comece por separar os argumentos científicos disponíveis sobre seus dois componentes essenciais: o substantivo desenvolvimento e o adjetivo sustentável.

Mesmo que tal dissecação leve ao entendimento de que se trata de uma espécie de quadratura do círculo, ela não impede que se procure interpretar o sentido histórico da política junção destes dois termos e de sua acelerada legitimação global nas últimas décadas.

Discutir o que há de válido, sério e objetivo em tal noção pode ser uma ótima vacina contra muitas das ilusões que ela tende a difundir. E separar o joio do trigo permite que o desenvolvimento sustentável possa ser mais conscientemente assumido como um dos mais generosos ideais civilizadores.

Tanto quanto o bem mais antigo anseio por "justiça" (ou "justiça social") e, mesmo o bem recente empenho pelos "direitos humanos", nada assegura que o novíssimo ideal seja de fato possível e realizável.

Porém, estes e outros valores compõem a visão de futuro sobre a qual as civilizações contemporâneas deveriam alicerçar suas esperanças. Por isso, são utópicos no melhor sentido do qualificativo. Tendo sido incorporados pelo ideário do desenvolvimento sustentável, fizeram com que este possa vir a se tornar promissora utopia — a primeira do Antropoceno —, por mais que a expressão possa ser polissêmica.

Com certeza, não é mera coincidência que o ideal do desenvolvimento sustentável tenha emergido justamente no início de uma Época em que as atividades humanas adquiriram tão imenso poder transformador dos ecossistemas. A ponto de chegarem a ser consideradas o principal vetor da evolução do complexo Terra.

Os usuários das expressões "Sistema Terra" ou "sistema terrestre" sugerem que seria possível abordar e entender o planeta mediante a suposição de que constituísse "um único sistema". Para muitos deles, um sistema passível de ser domado pela espécie humana, desde que ela se entenda sobre a melhor maneira de cooperar e consiga adotar as melhores práticas de governança. Um ótimo exemplo de tal visão está no projeto que leva o seu nome: <www.earthsystemgovernance.org>.

Como também já foi dito, a consciência deste problema levou a maior rede científica mundial — originalmente fundada como Earth System Partnership — a trocar de identidade após a avaliação de desempenho nos seus primeiros dez anos.

A iniciativa passou a atender por Future Earth (https://futureearth.org), título muito mais condizente com a ideia de que o desafio é a governança global do desenvolvimento sustentável e não a governança de um suposto único e coerente arranjo de escala planetária.

No entanto, para que se possa discutir a possibilidade de uma efetiva governança do desenvolvimento sustentável, é preciso interpretar o sentido histórico da expressão.

Só desenvolvimento

Ao longo do intervalo de setenta anos (1945-2015) que separou a Carta das Nações Unidas da Agenda 2030, o processo de legitimação do ideal que é o desenvolvimento (*tout court*) foi tão abrangente, amplo, extensivo, geral ou vasto, que até poderia ser considerado totalizante.

Os momentos mais significativos de tão longa trajetória foram, sem dúvida, a "Declaração sobre o Direito ao Desenvolvimento", adotada pela Assembleia Geral das Nações Unidas em 4 de dezembro de 1986 (Resolução 41/128). Ainda mais, pouco depois, na "Declaração de Viena sobre os Direitos Humanos", em 25 de junho de 1993.

Nesta última, ficou definitivamente legitimada a noção de indivisibilidade dos direitos humanos, cujos preceitos devem se aplicar tanto aos direitos civis e políticos, quanto aos direitos econômicos, sociais, culturais e ambientais, com ênfase no direito ao desenvolvimento e nos direitos à paz e à solidariedade.

Pelo lado oposto, foi igualmente significativo o fato de que, em 2014, tenha sido encerrada a publicação do último porta-voz da corrente intelectual contrária ao ideal do desenvolvimento: a revista francesa *Entropia*. Corrente que, no início dos anos 1990, adotara a bandeira "pós-desenvolvimento", passando a se dedicar ao "estudo teórico e político do decrescimento".

Os argumentos de tal iniciativa dependiam inteiramente da identificação do desenvolvimento ao crescimento econômico, um viés cognitivo que, de fato, permaneceu relevante até por volta de 1990. Mas que foi radicalmente contestado na esfera da ONU desde que o Pnud passou a difundir a concepção do desenvolvimento como processo histórico de expansão das capacitações, direitos e liberdades humanos, em virada promovida por Mahbub ul Haq (1934-1988), sob decisiva influência de Amartya Sen.

Não chegaria a ser um exagero afirmar portanto que, desde então, tornou-se obsoleta qualquer rejeição ao ideal de desenvolvimento, o que impediria que fosse catalogado como noção controversa, como se pretende aqui.

Todavia, há diversas razões para que se considere que a ideia de desenvolvimento permaneça objeto de controvérsia. Não apenas porque o uso da noção continua a ser ferrenhamente combatido por ativistas da educação ambiental, mas também porque, de forma mais implícita, ou indireta, conflita com a tese do "decrescimento".

Afinal, uma das dimensões essenciais do ideal do desenvolvimento continua a ser justamente o crescimento econômico. E isto não poderia estar mais explícito do que no oitavo Objetivo de Desenvolvimento Sustentável (ODS-8) estabelecido pela Agenda 2030, cujo enunciado é "promover o crescimento econômico sustentado...".

Não foi outro o problema que levou Tim Jackson, em seu livro *Prosperidade sem crescimento* (traduzido no Brasil em 2013), a evitar o termo "desenvolvimento". O propósito dos economistas ecológicos, cujas ideias foram brilhantemente sintetizadas na obra, sempre foi o de relativizar o papel desempenhado pelo crescimento econômico naquilo que tanto pode ser chamado de desenvolvimento, como de prosperidade ou de progresso.

Com certeza, um dia será necessário decrescer crescendo e crescer decrescendo, como nunca será demais repetir.

Será necessário fazer crescer os serviços, as energias renováveis, os transportes públicos, a economia plural (que inclui a economia social e a solidária), as obras de humanização das megalópoles, as agriculturas e pecuárias alternativas.

Ao mesmo tempo, será imprescindível fazer decrescer as intoxicações consumistas, a alimentação industrializada, a produção de coisas descartáveis e/ou que não podem ser consertadas, a dominação dos intermediários (principalmente cadeias de supermercados) sobre a produção e o consumo, o uso de automóveis particulares e o transporte rodoviário de mercadorias (em favor do ferroviário).

Entretanto, também será inevitável decrescer crescendo e crescer decrescendo porque são pouquíssimas as economias nacionais que já poderiam optar por prosperidade sem crescimento. Em imensa maioria precisam desesperadamente crescer, enquanto outras — chamadas de "emergentes" — deveriam enfrentar o desafio de melhorar a qualidade de seus estilos de crescimento.

Grosso modo, precisam desesperadamente crescer ao menos as economias das 48 nações classificadas pela ONU como as "menos desenvolvidas" (LDCs). As mais prováveis candidatas à prosperidade sem crescimento estão, com certeza, entre outras 48, "de alto desenvolvimento". E a restante centena é formada pelas que têm chances de se tornar "emergentes".

A opção pelo termo "prosperidade" também permitiu que Tim Jackson se distanciasse da controvérsia ainda mais ampla que costuma estar subjacente a quase todas as críticas ao desenvolvimento: aquela que fez com que a ideia de progresso perdesse força desde o início dos anos 1970.

Na verdade, não faltaram coveiros para sepultá-la como reles mito (no máximo uma desprezível ideologia), postulando que em seu lugar só teria restado alguma esperança de se evitar a regressão. No entanto, tudo indica que uma séria revisão desse debate, desde suas origens no Iluminismo, permita que também a ideia de progresso seja "reconstruída".

Desenvolvimento tem a ver — primeiro e acima de tudo — com a possibilidade de as pessoas viverem o tipo de vida que escolherem, assim como com a provisão dos instrumentos e das oportunidades para tomarem suas decisões. Por isso, precisa ser definido pela ênfase nos fins, não no meio que mais tem contribuído para alcançá-los: a generalização do crescimento intensivo.

Também não faria nenhum sentido imaginar que o desenvolvimento pudesse ser definido apenas como crescimento econômico distributivo, mesmo que a distribuição vá bem além da renda e inclua a expansão de algumas oportunidades essenciais, como os acessos à educação e à saúde. Sobretudo porque tal fórmula não deixaria de manter a confusão entre meios e fins. Não é por outra razão que o desenvolvimento pode ser considerado a mais política das questões socioeconômicas.

Enfim, uma maneira de dizer, concisamente, o que é desenvolvimento, vem sendo incansavelmente repetida, desde 1990, nos relatórios anuais elaborados pelo Pnud. Mais uma vez: o desenvolvimento está relacionado, antes de qualquer coisa, com a capacidade das pessoas de viverem a vida que desejam, além de garantir os meios necessários para que façam suas escolhas.

Sustentabilidade

Com todo o respeito que merecem os ecólogos pioneiros, forçoso é constatar que construíram e alimentaram, nos anos 1960, um discurso absolutamente derrotista sobre a relação da humanidade com a biosfera. Algo que foi sendo abandonado ao longo dos anos 1980.

A consagração da retórica sobre o desenvolvimento sustentável, que deu origem ao valor "sustentabilidade", exprime uma profunda confiança de que, sim, será possível chegar à governança do complexo Terra, mesmo que ainda seja muito difícil saber quais poderiam ser os caminhos.

É muito esclarecedor, nesse sentido, o depoimento do eminente físico quântico David Deutsch, de Oxford, sobre a experiência traumática que teve, em 1971, no ensino médio, ao assistir a uma conferência de Paul R. Ehrlich (1932-), intitulada "Population, Resources and Environment".

No livro *The Beginning of Infinity*, de 2011, diz que, provavelmente, deve ter sido a primeira vez que ouviu o termo "*environment*", e que, com certeza, nada o havia preparado para tão brutal demonstração de pessimismo ("*nothing had prepared me for such a bravery display of raw pessimism*", p. 431).

Segundo Ehrlich, da meia dúzia de catástrofes que estavam na esquina, algumas não poderiam ser evitadas por já ser tarde demais, todas intimamente ligadas à superpopulação.

Nas 24 páginas consagradas à desconstrução da ideia de sustentabilidade, nesse livro de 2011, Deutsch também descreve em detalhes suas discussões com um colega de universidade que se inscrevera no então novo curso de graduação em ciência ambiental.

Para esse amigo, o surgimento da televisão colorida era não apenas um sinal do colapso eminente da "sociedade de consumo", mas um exemplo de um fenômeno muito mais amplo, que estaria ocorrendo em muitas outras áreas tecnológicas: os limites finais estavam sendo tocados.

Tudo o que parecia progresso era, para o colega, uma corrida insana pela exploração dos últimos recursos que haviam sobrado no planeta. Ele manifestava a certeza de que os anos 1970 seriam um momento terrível e único da história humana.

Quarenta anos depois, o premiado físico usou tais recordações para contrastar as duas únicas concepções do mundo que lhe parecem possíveis. A otimista, que se comprovou correta, diz que os humanos são solucionadores de problemas. A pessimista, ao contrário, afirma que essa capacidade de resolver um problema criando o próximo é, na verdade, uma doença para a qual a sustentabilidade seria a cura.

Chega a ser irônico que Deutsch tenha mostrado ignorar, por exemplo, que a principal revista dedicada à temática da sustentabilidade tem por título justamente *Solutions*, e que seus principais editores são chamados de "solutionaries" (www.thesolutionsjournal.com).

A origem de tamanha barbeiragem parece estar em sua estranha convicção de que o verbo "sustentar" só tem dois significados, quase opostos: garantir o que se necessita, e evitar/impedir que as coisas mudem (*"to provide someone with what they need, and to prevent things from changing"*, p. 441).

Outra posição contrária a se continuar empregando a noção de sustentabilidade, mas por razões diametralmente inversas, está na abordagem das professoras Melinda Harm Benson (Geografia, New Mexico) e Robin K. Craig (Direito, Utah) nos artigos "Replacing Sustainability" de 2013 e "The End of Sustainability" de 2014.

Para elas, a invocação contínua da sustentabilidade nas discussões de políticas ignora as realidades emergentes do Antropoceno, caracterizado pela extrema complexidade, incerteza e mudança radical sem precedentes. Em um mundo assim, seria impossível até mesmo definir — e muito menos perseguir — a sustentabilidade. Não porque seja uma má ideia, diz a dupla Benson-Craig, mas porque é duvidoso que tal "conceito" ainda seja útil para a governança ambiental. Elas propõem, então, uma mudança de foco: de "sustentabilidade" para "resiliência".

Resiliência

Neste caso, parecem ocorrer dois equívocos: um epistêmico e outro de avaliação sobre o processo histórico que legitimou a sustentabilidade como um novo valor.

Na comunidade científica, é consensual abordar a resiliência como um dos principais vetores da sustentabilidade, isto é, um dos meios de atingir tal fim.

Por exemplo, no abrangente estudo conduzido por uma comissão de treze renomados pesquisadores, coordenada por Thomas Graedel (Ecologia Industrial, Yale) para o National Research Council (*Sustainability for the Nation*, 2013). A resiliência aparece como o terceiro dos quatro *clusters* mais significativos dos quais depende a sustentabilidade.

Talvez mais grave, porém, seja o erro de avaliação. Nos 35 anos passados desde que começou a inspirar a *World Conservation Strategy* (IUCN-UNEP-WWF, 1980), ou mesmo uma nova utopia política (Lester Brown, *Building a Sustainable Society*, 1981), o projeto de um desenvolvimento sustentável e o valor sustentabilidade não cessaram de ganhar força social, como bem mostram os debates sobre os ODS (Objetivos de Desenvolvimento Sustentável), adotados, em 2015, pela Assembleia Geral da ONU, para substituir os bem mais precários ODM (Objetivos de Desenvolvimento do Milênio).

Diante de tão singular fenômeno histórico chega a ser assustadoramente ingênuo o reducionismo que pretende abordar a questão pelo seu lado semântico, como fazem — por razões opostas — Deutsch e a dupla Benson-Craig.

Mesmo que sustentabilidade refletisse uma visão de mundo pessimista — o que é simplesmente falso —, ou que o termo resiliência pudesse ser mais adequado para o Antropoceno — em desacordo com o consenso científico —, é incrível que se possa desprezar a relevância política do processo de superação cognitiva do catastrofismo dos pioneiros, muito bem representados por Garrett Hardin e Paul Ehrlich.

Para se poder avaliar se tais confrontações entre sustentabilidade e resiliência poderiam ser admissíveis, é necessário lembrar que a ideia de resiliência ficou por séculos confinada às engenharias (principalmente a naval) e tão somente há quarenta anos passou a ser simultaneamente adotada por ecólogos (1973) e psicólogos (1974).

Nos dois casos, para designar, *grosso modo*, a capacidade de recuperação pós-choques, ou a capacidade de absorção de choques e subsequente reorganização para funcionar como antes.

Hoje, a explicação mais amigável é a dos psicólogos: "dar a volta por cima". Pessoas resilientes são as que enfrentam as adversidades, conseguindo delas se beneficiar para aprender e amadurecer emocionalmente. Pessoas que mostram a habilidade de superar crises, traumas, ou perdas, tornando-os oportunidades positivas de transformação.

Nada a ver, portanto, com "resistência", pois resistente é quem "segura as pontas" em situações de pressão, em vez de mostrar flexibilidade para se adaptar e criatividade para tocar adiante.

Já para os ecólogos, resiliência é a "capacidade de um sistema absorver perturbação e reorganizar-se, mantendo essencialmente a mesma função, estrutura e feedbacks, de modo a conservar a identidade". Ao menos é esta a definição adotada pela Resilience Alliance, rede global que congrega cientistas e estudiosos para os quais a resiliência dos sistemas socioecológicos deve ser considerada base para a sustentabilidade.

O presidente do conselho de tão importante rede global, Brian Walker, também acha razoável a definição mais sucinta e menos formal de "capacidade de lidar com choques para manter o funcionamento sem grandes alterações".

É importante registrar que Brian Walker é pesquisador em três das mais importantes organizações científicas da área socioambiental: CSIRO (Commonwealth Scientific and Industrial Research Organization), SRC (Stockholm Resilience Centre), e Beijer Institute of Ecological Economics, da Academia Real de Ciências da Suécia.

O discurso dos psicólogos certamente pode parecer mais nítido porque têm como referência comum um "sistema" razoavelmente bem definido: o ser humano. Entre ecólogos, se já não é fácil delimitar um ecossistema, o que dizer, então, desses sistemas "socioecológicos", objeto central das pesquisas dos que se agrupam na Resilience Alliance?

Mais importante, contudo, é notar que, conforme foi se firmando a utilidade dessa ideia-chave, ela também se tornou coqueluche em inúmeras outras disciplinas e áreas do conhecimento, como a literatura, o jornalismo, etc.

Walker costuma advertir para certas discrepâncias que tendem a surgir entre o conceito científico e as versões que se foram insinuando nas práticas das empresas, do terceiro setor, dos governos e das organizações internacionais.

Antes de tudo, resiliência não é algo que possa ser sempre positivo. Ditaduras ou paisagens salinas, por exemplo, são "sistemas" cuja resiliência precisa é ser combatida. O mesmo se aplica aos casos das redes de traficantes, ou dos vulcões, cuja lavas acabam com qualquer tipo de vida nas redondezas e cujas repercussões atmosféricas podem causar desastres até em outros continentes. Quatro exemplos em que mudanças positivas resultariam de redução de resiliência, não o contrário.

Também não se pode entender e tentar manejar a resiliência em uma única escala, pois são justamente as conexões entre diversas facetas que a determinam. É frequente, por exemplo, que uma perda de resiliência se deva a consequências indesejadas da busca pelo que poderia ser um "ótimo", mas com foco estreito. É o que ocorre quando se privilegia a "eficiência", noção que tende a ser endeusada por todas as empresas e por quase todos os economistas.

Brian Walker também enfatiza que é muito frequente e perigoso o engano de se imaginar que resiliência seja equivalente a não mudar, confundindo-a com estabilidade. Ao contrário, tentativas de impedir que os distúrbios ocorram, para que o sistema fique constante, acabam por reduzir sua resiliência.

Trunfo

O uso do termo "sustentável" para qualificar o desenvolvimento sempre exprimiu a possibilidade e a esperança de que a humanidade poderá, sim, se relacionar com a biosfera de modo a evitar os colapsos profetizados nos anos 1970. Por isso, sustentabilidade é uma noção incompatível com a ideia de que o desastre só estaria sendo adiado, ou com qualquer tipo de dúvida sobre a real possibilidade de avanço da humanidade.

Em seu âmago está uma visão de mundo dinâmica, na qual transformação e adaptação são inevitáveis, mas dependem de elevada consciência, sóbria precaução e muita responsabilidade diante dos riscos e, principalmente, das incertezas. Daí a importância, já destacada, de um sinérgico avanço do conhecimento sobre governança global e cooperação.

A imenso uso do termo "sustentabilidade" acabou por provocar uma grande amnésia sobre suas origens, o que obscureceu o sentido histórico de sua legitimação como um novo valor. As circunstâncias que motivaram a precedente emergência da expressão "desenvolvimento sustentável" indicam que a superação do problema ainda dependerá de muitos avanços das Humanidades científicas.

Mesmo assim, à medida que a sustentabilidade foi se tornando novíssimo valor — comparável a outros bem mais antigos, como justiça, liberdade ou igualdade — a ideia também foi intensamente banalizada. A ponto de ser prontamente apropriada como *leitmotiv* central da propaganda empresarial.

Por um lado, isto certamente contribui para que fique demasiadamente nebuloso o significado do substantivo sustentabilidade. Mas, por outro, é altamente positivo notar que, em poucas décadas, o tema tenha passado de mero alvo de zombarias a trunfo a ser ostentado.

É uma espécie de prova dos nove de sua legitimação. Que, por parecer definitiva, pode incitar ao equívoco de se pensar que hoje a noção esteja isenta de contestações, quando, de fato, várias podem ser apontadas.

Por exemplo, também há quem veja no processo de legitimação do substantivo sustentabilidade "a perversão de um conceito", ou mesmo "desvio e ocultamento" por quem "tenta seguir desconhecendo as leis de limite da natureza". Foi o que disse, em 2010, o pesquisador mexicano Enrique Leff.

Além de todas as já mencionadas rejeições à noção de sustentabilidade, ainda há as que são excessivamente otimistas sobre o dia em que haverá evidências persuasivas sobre possíveis limiares globais. Isto é, aqueles que, se ultrapassados, engendrariam catástrofes e devastadores retrocessos. Isso é verdade, mesmo no caso do aquecimento global, que vem contando com volumes de resultados de pesquisas bem superiores aos relativos à biodiversidade ou aos oceanos.

Como no cerne da sustentabilidade está a ideia de que as gerações futuras merecem tanta atenção quanto as atuais, tais evidências, já admitidas pela comunidade científica, são mais do que suficientes. Não há razão para enveredar pelo catastrofismo.

Utopia

Mais de meio milênio depois do livro *Utopia*, de Thomas More (1516) — bem acessível em português, em primorosa edição anotada da Funag (2004) —, a pergunta mais pertinente parece ser a seguinte: pode-se ser fiel à ideia original dizendo que a função da utopia é nos permitir tomar uma distância do *status quo* que nos ajude a avaliar e julgar o que fazemos à luz do que poderíamos ou deveríamos fazer?

Vários filósofos foram levados a tal interpretação em obras razoavelmente estudadas e citadas, como, por exemplo, as de Ernst Bloch (1959), Paul Ricoeur (1997) e André Gorz (1997). E ela foi consolidada por estudos do grande sociólogo Norbert Elias.

Já octogenário, em 1979 ele começou a participar de um grupo de pesquisa temática sobre utopia na Universidade Bielefeld, que tinha orientação claramente literária. Coube então ao sociólogo, falecido em 1990, produzir, nos anos 1980, um longo relatório, um ensaio e uma conferência sobre o tema. Trabalhos que oferecem ótimas avaliações, principalmente da *Utopia* de Thomas More, mas também dos escritos de H. G. Wells, vistos por Elias como marco de uma transição a utopias "desagradáveis", devido a especulações sobre os possíveis resultados dos avanços da ciência.

De fato, parece estar na obra de H. G. Wells a transição para o que hoje é chamado de "distopia", mesmo que a erupção da ciência no âmbito utópico seja bem anterior, bastando lembrar que quase três séculos antes, em 1623, Francis Bacon já propusera o inacabado texto *A Nova Atlântida*. Considerando-se, também, que não havia "ciência" propriamente dita na obra de Platão.

O que mais aqui interessa, contudo, é realçar o aumento exponencial das dificuldades teóricas assim que se deixa o terreno da avaliação específica da obra de Thomas More rumo a uma abordagem do que passou a ser entendido por utopia/utopias e distopia/distopias.

Dois exemplos podem ilustrar a forte sensação de uma "noite em que todos os gatos são pardos". Um deles é um interessantíssimo website para o qual utopia é, pura e simplesmente, um "gênero literário" e ponto final: <projetoutopia.wordpress.com>.

O outro são "dicionários" de utopias cuja ambição é mostrar que a utopia não se limita à crítica política, mas atravessa igualmente a dança, a ficção, o teatro, a música, a arte, a arquitetura, a filosofia e a técnica. Nesta perspectiva, parecem bem incompletos.

Isto tudo é resultado de ataques e defesas sobre a própria ideia de utopia, que acabaram por causar imensa confusão. Para procurar alguma saída desse imenso labirinto, o terreno mais seguro parece ser, portanto, a adoção de algum recorte do tipo "utopia como crítica política", ou "utopia como exercício filosófico".

Dada a imensa polissemia que o termo adquiriu em seu meio milênio, parece impossível organizar sobre ele alguma discussão razoável sem prévio cuidado de demarcação, inevitavelmente "reducionista".

Razoável "saída" chegou a ser proposta, em 2010, por dez historiadores em coletânea publicada pela editora da Universidade de Princeton com o título *Utopia/Dystopia* (Gordin *et al.*). Os editores tiveram a intenção de operar um óbvio recorte ao afirmarem o seguinte, logo na introdução (p. 2):

"*After all, utopias and dystopias by definition seek to alter the social order on a fundamental, systemic level. They address root causes and offer revolutionary solutions. This is what makes them recognizable.*"

É bem diferente, contudo, o entendimento de outros historiadores, entre os quais se destaca Samuel Moyn, professor de Direito e História na Universidade Harvard. Seu livro de 2010, *The Last Utopia: Human Rights in History*, propõe uma visão bem mais concreta — e nem um pouco laxista — de quais teriam sido as grandes utopias no século passado.

Seu meticuloso método de investigação empírica é, com certeza, muito mais persuasivo e convincente do que as inúmeras especulações filosóficas e/ou literárias que se acumularam sobre o sentido do termo utopia, muitas vezes exageradamente arbitrárias.

Moyn contraria frontalmente a tendência de se interpretar a atual percepção dos direitos humanos como fenômeno milenar, que teria nascido na Grécia, ou mesmo na Pérsia. Nesse sentido, distancia-se bastante de usos vulgares do termo utopia para se referir aos direitos humanos.

O que se entende hoje por direitos humanos pode até ter sido uma clara reação às misérias das duas guerras mundiais do século passado — e particularmente a Shoah, ou Holocausto —, mas que ainda precisou de três décadas para realmente se legitimar, devido à séria "concorrência" do direito dos povos à autodeterminação, do direito à soberania nacional, e mesmo do próprio direito ao desenvolvimento.

Apesar de a Declaração Universal dos Direitos Humanos ter sido adotada em 1948, foi somente na década de 1970 que ela passou a realmente ter legitimidade, em movimentos da sociedade civil (ONGs) e, principalmente, no direito internacional.

A rigor, a virada pode até ser identificada com ainda maior precisão em torno de 1977, pelo impacto global do encerramento da Guerra do Vietnã em 1975 (Ano Internacional da Mulher) e o consequente curto governo do presidente norte-americano Jimmy Carter, de 1977 a 1981. E, ainda mais, pela atribuição do Prêmio Nobel da Paz de 1977 à ONG Anistia Internacional, por sua campanha contra a tortura.

Segundo Moyn, foi principalmente o colapso das grandes utopias que se confrontaram durante a Guerra Fria, assim como o tardio encerramento do processo de descolonização, as circunstâncias em que, na sequência, os direitos humanos ascenderam à posição de grande utopia contemporânea, que ele ambiguamente considera a "última". Mesmo assim, com a precaução de admitir que talvez outra possa aparecer no futuro (p. 10):

"No one knows yet for sure, in light of the inspiration they provide and the challenges they face, what kind of better world human rights can bring about. And no one knows whether, if they are found wanting, another utopia can arise in the future, just as human rights once emerged on the ruins of their predecessors. Human rights were born as the last utopia — but one day another may appear."

Houve, porém, uma concomitante novidade que não chegou a ser considerada por Moyn.

Desde 1972, a Conferência Mundial sobre Meio Ambiente Humano, desencadeara, em Estocolmo, um processo de tomada de consciência da responsabilidade das gerações presentes quanto aos direitos e oportunidades das gerações futuras.

Começou-se a falar em ecodesenvolvimento, inovação que precisou de quinze anos para passar a desenvolvimento sustentável, a basilar contribuição do citado documento *Our Common Future*, de 1987, vulgo *Relatório Brundtland*. O primeiro dos 22 princípios legais ali propostos afirma que todos os seres humanos têm o direito fundamental a um meio ambiente adequado à sua saúde e ao seu bem-estar.

Embora tenha sido bem assimilado pela Rio-92, no ano seguinte este novo ideal só apareceu de raspão na Declaração e Programa de Ação de Viena sobre os direitos humanos. O mesmo ocorreu, já em 2001, na Declaração do Milênio que lançou os oito "ODM". Por incrível que pareça, foi necessário esperar até o final de 2015 — com a Agenda 2030 e seus 17 "ODS" — para que direitos humanos e sustentabilidade começassem a conversar.

Em suma

A Agenda 2030, com seus 17 Objetivos de Desenvolvimento Sustentável, certamente pode ser entendida como mais um capítulo no processo de afirmação da recente utopia dos direitos humanos. Afinal, reitera até demais a necessidade de que os direitos humanos sejam "assegurados", "concretizados", "garantidos", "plenamente respeitados" e "promovidos".

Porém, a maior ênfase de tão importante documento é para um dos direitos humanos: o direito ao desenvolvimento. Mais: sempre condicionado à necessidade de também assegurar e garantir que as gerações futuras possam vir a ter ainda mais direitos e oportunidades do que as atuais, a essência do adjetivo "sustentável" quando aplicado ao desenvolvimento.

Então, poder-se-ia dizer que esse não é apenas mais um capítulo de uma recente utopia, mas que ele já constitui o primeiro capítulo de uma nova, que não apenas inclui, mas potencializa a anterior.

Se o critério decisivo for a retórica das relações internacionais, particularmente aquelas que ocorrem no âmbito das Nações Unidas, com certeza pode-se concluir que o desenvolvimento sustentável já é a grande utopia contemporânea.

No entanto, se o critério for a governança global, tal conclusão já começa a ficar inconsistente, pois, por mais e melhor que tenham evoluído as instâncias e instituições de governança do meio ambiente, elas permanecem bem distantes daquelas que promovem a governança do desenvolvimento. Nem chega a haver governança mundial da sustentabilidade, a menos que se entenda tal noção como restrita à questão ambiental.

Contudo, o que mais impede que a utopia dos direitos humanos dê lugar à utopia do desenvolvimento sustentável é, com certeza, o direito internacional.

Certamente foi bem promissora a "Declaração de Nova Delhi sobre os Princípios do Direito Internacional relativos ao Desenvolvimento Sustentável", adotada na 70ª Conferência da International Law Association, no início de abril de 2002.

Mas o crescimento da jurisprudência tem se mostrado demasiadamente claudicante, mesmo que possam ser citadas algumas sentenças que já se tornaram emblemáticas, justamente por serem raras.

Se considerada a dimensão psicossocial, passará a ser inaceitável até a ideia de que os direitos humanos já constituam a grande utopia contemporânea. Pior: percepções, atitudes e comportamentos menos utilitaristas com respeito à natureza mal despontaram em segmentos ainda bem restritos das sociedades humanas.

Elas certamente tenderão a se tornar cada vez mais possíveis se a comunidade internacional continuar evitando o uso dos arsenais de armas atômicas e biológicas, na contramão da corrida já desencadeada para instalá-las no espaço sideral.

Mesmo assim, a inércia cognitiva do que foram as adaptações da evolução humana ao longo da última dúzia de milênios com certeza retardará o surgimento de uma consciência mais adequada ao enfrentamento das gravíssimas incertezas atuais, como são o aquecimento global, a acidificação dos oceanos e a erosão da biodiversidade.

Contraponto otimista a tal conclusão costuma ser a aposta de que as futuras gerações poderão ter predisposição mais altruísta que as atuais, decorrentes de mais informações científicas sobre o agravamento das ameaças. Mas esta é uma aposta que passou a depender demais de uma das principais incógnitas sobre o futuro: os impactos da inteligência artificial.

Epílogo:
DESACOPLAR

Desacoplar é o verbo que melhor traduz e simboliza o desafio econômico deste início de Antropoceno. Exprime a ambição de que a melhoria do bem-estar humano venha a se soltar do extrativismo de recursos naturais. De que a busca por prosperidade não proíba o advento de sociedades mais justas em saudável biosfera.

Por um bom tempo serão poucos os desacoplamentos absolutos, em que a pressão ambiental resultante do uso de algum recurso natural diminui, enquanto a atividade econômica continua a crescer. Mas já deixaram de ser sonhos os relativos, quando tal pressão cresce em ritmo mais lento que a economia.

Mesmo assim, os impactos dos usos de materiais continuam a aumentar a taxas bem superiores às do Índice de Desenvolvimento Humano (IDH) ajustado à desigualdade. São impulsionados, principalmente, pela construção e mobilidade, seguidos por alimentação e energia. Estes quatro fatores respondem por cerca de 90% da demanda global de materiais.

Se não mudar a maneira como têm sido usados, estima-se que, no período 2020-2060, aumentaria em quase 60% a extração desses recursos. *Grosso modo*, passaria de 100 bilhões para 160 bilhões de toneladas.

A pressão ambiental dos países de alta renda permanece relativamente constante, desde 2000. Usam seis vezes mais materiais *per capita* e são responsáveis por dez vezes mais impactos climáticos *per capita* do que os países de baixa renda. Ao mesmo tempo, os de renda média alta mais que dobraram seu impacto material *per capita*, aproximando-se dos níveis dos de alta renda.

O comércio global faz com que os impactos dos países de alta renda sejam deslocados para todos os outros grupos. Mesmo assim, nos de baixa renda, tais efeitos *per capita* permanecem quase inalterados desde 1995.

No caso das emissões de dióxido de carbono, os desempenhos em desacoplá-las do PIB raramente chegam perto do da Irlanda entre 2005 e 2019, quando as emissões caíram 42% enquanto o PIB aumentava 81%. Ou ao de Cingapura, onde, no mesmo período, as emissões diminuíram 19%, enquanto o PIB subia 96%.

Dissociações similares também foram verificadas em outras duas dezenas de países. Até no Japão, onde as primeiras caíram 16% contra um modesto aumento do PIB de meros 9%.

É claro que isto se deve a respostas dadas a incentivos econômicos por inventores, empreendedores e líderes empresariais. Tanto no sentido de desenvolver quanto de adotar novas tecnologias. Muitos foram, certamente, precedidos por difíceis decisões políticas, como o estabelecimento de taxas, subsídios e *standards* que costumam ser colocados na gaveta do "comando e controle". Mas, certamente, também contribuíram bastante muitas das iniciativas de movimentos da sociedade civil.

Velha ilusão

O fato é que, por enquanto, obter mais crescimento continua a mostrar-se tão vital quanto perigoso. Permanece uma irresistível promessa, mesmo que seus malefícios marrons obriguem que dele se precise muito menos.

Em boa parte do século passado, o crescimento econômico pôde ser visto como uma verdadeira panaceia. Os sinais contrários só começaram a ser notados a partir da década de 1960, como mostrou, em detalhe, o início deste livro.

Mesmo que ainda não seja possível constatar o fim da velha ilusão, também é inegável que ela já não existe no meio científico e em suas áreas de influência social, por mais que ainda possa permanecer relevante entre os economistas.

O que mais deu força à aposta no crescimento como panaceia foi a visão de que beneficiaria todos, fazendo com que muitas das tensões sociais fossem varridas por poderosas ondas de prosperidade.

Um desejo que até pode ter tido bons resultados em sociedades que, hoje, são as mais avançadas. Tanto no plano material quanto, agora, no da consciência política sobre seus custos e sobre a certeza de que será necessário encontrar outros rumos.

Não será possível evitar escolhas coletivas que exijam diminuir ou perder alguma qualidade, quantidade ou propriedade, mas em troca de ganhos em outros aspectos. Esta ideia de compromisso sugere tomada de decisão em plena compreensão das vantagens e desvantagens de cada escolha. Decisões que aumentem alguma coisa e, simultaneamente, diminuam outra.

Então, a melhor alternativa é o empenho para desarmar as piores ciladas, começando por torcer para que um direcionamento do progresso tecnológico reduza com mais rapidez os custos da descarbonização.

Quando Nicholas Georgescu-Roegen prognosticou a utilização cada vez mais direta da energia solar pela humanidade, isso era algo que só ocorria em situações muito específicas, como, por exemplo, em distantes faróis marítimos.

Passadas cinco décadas, painéis solares estão por toda parte, da cobertura de telhados aos campos e desertos.

Seus preços despencaram de cem dólares por watt, em 1976, para menos de meio dólar por watt, em 2019. Em duas décadas, a energia solar, que era umas vinte vezes mais cara que a fóssil, recentemente passou a ser mais barata.

Em linhas panorâmicas, é esta a situação deixada pela "Grande Aceleração", o ponto de partida do Antropoceno. Ela foi assimilada por boa parte das correntes do pensamento econômico, mas isso não impediu o aprofundamento de suas históricas clivagens.

De um lado, sempre estiveram os arautos do crescimento a qualquer preço. No extremo oposto surgiram novatos camicases por imediato decrescimento. No centro, os muitos que estão à procura de compromissos que garantam os benefícios do crescimento, mas atenuando seus malefícios sociais e ambientais.

Instituições

É provável que ainda demore muito a gestação de tão indispensáveis compromissos. Pois as instituições — entendidas como "as regras do jogo" — costumam resultar de demoradas dinâmicas de peneiramento adaptativo.

Por mais que tenham sido importantes, não foram as campanhas éticas os fatores decisivos para o fim de regimes escravocratas ou para a minimização da pena de morte, temas muito mais explicitamente morais do que os danos do crescimento econômico.

Mesmo que um discurso centrado no lado ético do desafio possa muito ajudar, especialmente entre os segmentos sociais mais sensíveis e educados, no conjunto pesarão muito mais dinâmicas políticas capazes de criar regras imprescindíveis à redução dos piores inconvenientes do crescimento econômico.

De qualquer forma, permitir que as futuras gerações possam desfrutar de qualidade de vida comparável à de hoje é o mais severo dos dilemas morais. Uma ambição irrealizável se não for possível superar muitas das adversidades trazidas por oitenta anos de inédita prosperidade. Pois obtida por crescimento econômico tão acelerado quanto cego.

Além da piora de várias desigualdades sociais, os mais negativos retornos da "Grande Aceleração" foram as erosões ecossistêmicas. Causadoras do aquecimento global, da perda de biodiversidade e das consequências das colossais poluições, especialmente para a água doce e para os oceanos.

Sem amenizar tais erosões, nenhuma esperança de melhoria das condições de vida poderá surgir. Daí o pessimismo incitado pelas evidências científicas dos nefastos impactos socioambientais de valorizadíssimos comportamentos coletivos e individuais. Fecham as portas a um mundo que não seja pior que o atual.

Entretanto, não há como excluir a possibilidade de eventual emergência e florescimento de alternativas menos nocivas — e até virtuosas! — para as sociedades e para os ecossistemas. Poderá surgir caminho para um futuro melhor se a sobriedade for estimulada pela desaceleração das atividades econômicas responsáveis pelos piores prejuízos sociais e ambientais.

Nem abandonar o crescimento, nem nele confiar cegamente. Esta dupla negativa é o mais singelo fruto das análises deste livro sobre a trajetória do pensamento econômico diante da "Grande Aceleração", iniciadora do Antropoceno.

Desafio

O nó górdio a ser desfeito está na composição e estrutura das atividades econômicas. A melhor forma de favorecer futuros verdes em todos os níveis territoriais será adotar políticas capazes de impor retrocessos às atividades mais prejudiciais aos ecossistemas, para que as mais virtuosas venham a ser incentivadas.

Portanto, ir "além do crescimento" significará, ao mesmo tempo, "crescer decrescendo" e "decrescer crescendo". No futuro, o resultado líquido de tal balanço (em termos de PIB ou qualquer outra melhor medida de desempenho econômico) variará ao longo do tempo e poderá ser positivo ou negativo.

Esta é a orientação geral para quaisquer pretensões de crescimento neste início do Antropoceno, que, certamente, teriam grande heterogeneidade. Para que possam florescer, os principais desafios estarão na capacidade de quebrar a inércia, desencorajando comportamentos marrons e apoiando os verdes.

Evidentemente, em algumas situações, certas atividades podem ser benéficas para a redução das desigualdades, embora neutras ou negativas para a manutenção ou aumento da resiliência dos ecossistemas. Este tende a ser o mais difícil dilema a ser considerado em qualquer coisa que possa parecer, daqui para a frente, com qualquer ambição de crescimento.

Entendidas dessa forma, as políticas que são precursoras de tais tipos de planos já estão a emergir aqui e ali. Contudo, as principais incertezas sobre o seu florescimento também podem ser facilmente identificadas.

Do lado das atividades marrons, tudo parece indicar que a resistência poderá ser muito mais tenaz do que normalmente se supõe. Bom exemplo é a impotência da Convenção do Clima, cuja errática governança prolonga a hegemonia da energia fóssil. Nada melhor poderia ser dito sobre a Convenção da Biodiversidade. Do lado das atividades verdes, há uma lentidão preocupante em todas as suas prioridades.

O mais provável é que permaneçam muito insuficientes os movimentos coordenados que poderiam resultar em promissoras políticas de crescimento. Certamente poderão ajudar iniciativas comerciais e financeiras como as idealizadas, desde 2019, pelo chamado "pacto verde europeu".

No entanto, os recentes acontecimentos geopolíticos globais tenderam, infelizmente, a aumentar a resistência e a persistência das práticas marrons, adiando evoluções verdes que estariam em direção diametralmente oposta.

REFERÊNCIAS BIBLIOGRÁFICAS

AXELROD, Robert. *The Evolution of Cooperation*. Nova York: Basic Books, 1984.

AYRES, Robert U.; AYRES, Edward H. *Cruzando a fronteira da energia: dos combustíveis fósseis para um futuro de energia limpa*. Tradução de André de Godoy Vieira. Porto Alegre: Bookman, 2012.

BENSON, Melinda Harm; CRAIG, Robin Kundis. "The End of Sustainability". *Society & Natural Resources*, vol. 27, n° 7, 2014.

_____. "Replacing Sustainability". *Akron Law Review*, vol. 46, n° 4, 2013.

BERTALANFFY, Ludwig von. *Problems of Life: An Evaluation of Modern Biological Thought*. Londres: Watts & Co., 1952.

BOLDIZZONI, Francesco. *Foretelling the End of Capitalism: Intellectual Misadventures since Karl Marx*. Cambridge, MA: Harvard University Press, 2020.

BOULDING, Kenneth E. *Towards a New Economics: Critical Essays on Ecology, Distribution and Other Themes*. Cheltenham: Edward Elgar, 1992.

_____. *O significado do século XX: a grande transição*. Rio de Janeiro: Fundo de Cultura, 1966.

_____. "The Economics of the Coming Spaceship Earth". In: JARRETT, H. (org.). *Environmental Quality in a Growing Economy*. Baltimore: Resources for the Future/Johns Hopkins University Press, 1966, pp. 3-14.

_____. *Economic Analysis*. Nova York: Harper and Brothers, 1941.

BROWN, Lester. *Building a Sustainable Society*. Washington D.C./Nova York: Worldwatch Institute/W. W. Norton, 1981.

CARSON, Rachel. *Silent Spring*. Boston: Houghton Mifflin, 1962.

CECHIN, Andrei. *A natureza como limite da economia: a contribuição de Nicholas Georgescu-Roegen*. São Paulo: Senac, 2010.

CECHIN, Andrei; VEIGA, José Eli da. "Growing by Decreasing". *Brazilian Journal of Political Economy*, vol. 44, n° 4, 2024.

CRUTZEN, Paul J. "Geology of Mankind". *Nature*, vol. 415, 2002, p. 23.

DALY, Herman E. *Beyond Growth: The Economics of Sustainable Development*. Boston: Beacon Press, 1996.

_____. *Valuing the Earth: Economics, Ecology, Ethics*. Cambridge, MA: MIT Press, 1993.

_____. *A economia do século XXI*. Porto Alegre: Mercado Aberto, 1984.

_____. *Steady-State Economics: A New Paradigm*. Washington, DC: Island Press, 1977.

_____. "On Economics as a Life Science". *Journal of Political Economy*, vol. 76, n° 3, maio-jun. 1968, pp. 392-406.

DALY, Herman E.; FARLEY, Joshua. *Economia ecológica*. São Paulo: Annablume, 2016.

DASGUPTA, Partha. *The Economics of Biodiversity: The Dasgupta Review*. Londres: HM Treasury, 2021.

DEUTSCH, David. *The Beginning of Infinity: Explanations that Transform the World*. Londres: Allen Lane, 2011.

DORLING, Danny. *Slowdown: The End of the Great Acceleration*. New Haven: Yale University Press, 2020.

DWYER, Philip; MICALE, Mark S. (orgs.). *The Darker Angels of Our Nature: Refuting the Pinker Theory of History & Violence*. Londres: Bloomsbury, 2021.

Founex Report on Development and Environment. Nova York: Carnegie Endowment for International Peace, 1971.

FRANCO, Marco P. Vianna; MISSEMER, Antoine. *A History of Ecological Economic Thought*. Londres: Routledge, 2023.

FRIEDMAN, Thomas L. "A Warning from the Garden". *The New York Times*, 19/1/2007.

GALBRAITH, James K.; CHEN, Jing. *Entropy Economics: The Living Basis of Value and Production*. Chicago: University of Chicago Press, 2025.

GALBRAITH, John Kenneth. *The Affluent Society*. Boston: Houghton Mifflin, 1958.

GENOVESI, Antonio. *Lezioni di Commercio o sia d'Economia Civile*. Nápoles: Fratelli Simone, 1765.

GEORGESCU-ROEGEN, Nicholas. *The Entropy Law and the Economic Process*. Cambridge, MA: Harvard University Press, 1971.

_____. "The Economics of Production". *American Economic Review*, vol. 60, nº 2, maio 1970, pp. 1-9.

_____. "Process in Farming versus Process in Manufacturing: A Problem of Balanced Development". In: PAPI, Ugo; NUNN, Charles (orgs.). *Economic Problems of Agriculture in Industrial Societies*. Londres: Palgrave MacMillan, 1969, pp. 497-533.

_____. *Analytical Economics: Issues and Problems*. Prefácio de Paul A. Samuelson. Cambridge, MA: Harvard University Press, 1966.

GORDIN, Michael D.; TILLEY, Helen; PRAKASH, Gyan (orgs.). *Utopia/Dystopia: Conditions of Historical Possibility*. Princeton: Princeton University Press, 2010.

GOWDY, John; KRALL, Lisi. "The Creationist Foundations of Herman Daly's Steady State Economy". *Real-World Economics Review*, nº 108, jul. 2024, pp. 2-15.

HARARI, Yuval Noah. *21 lições para o século 21*. Tradução de Rita Canas Mendes. São Paulo: Companhia das Letras, 2018.

HARDIN, Garrett. "The Tragedy of the Commons". *Science*, vol. 162, 13/12/1968, pp. 1243-8.

HOCHSCHILD, Adam. *Enterrem as correntes: profetas e rebeldes na luta pela libertação dos escravos*. Tradução de Wanda Brant. Rio de Janeiro: Record, 2007.

HODGSON, Geoffrey M.; KNUDSEN, Thorbjorn. *Darwin's Conjecture: The Search for General Principles of Social & Economic Evolution*. Chicago: University of Chicago, 2010.

IUCN/UNEP/WWF. *World Conservation Strategy: Living Resource Conservation for Sustainable Development*. Gland: International Union for Conservation of Nature and Natural Resources, 1980.

JACKSON, Tim. *Prosperidade sem crescimento: vida boa em um planeta finito*. Tradução de José Eduardo Mendonça. São Paulo: Planeta Sustentável, 2013.

JACOBS, Michael. *The Green Economy: Environment, Sustainable Development and Politics of the Future*. Londres: Pluto Press, 1991.

KAHNEMAN, Daniel. *Rápido e devagar: duas formas de pensar*. Tradução de Cássio de Arantes Leite. Rio de Janeiro: Objetiva, 2012.

KPMG ESG Yearbook Brasil 2023. BUOSI, Maria Eugênia; YOUSSIF, Bruno (orgs.). São Paulo: KPMG, 2023.

LE FLUFY, Paddy. *Building Tomorrow: Averting Environmental Crisis with a New Economic System*. Austin: First Light Books, 2023.

Limits to Growth: A Report for the Club of Rome's Project on the Predicament of Mankind, The. MEADOWS, Donella H.; MEADOWS, Dennis L.; RANDERS, Jorgen; BEHRENS III, William W. Nova York: Potomac Associates, 1972.

LOMBORG, Bjorn. *Best Things First: The 12 Most Efficient Solutions for the World's Poorest and Our Global SDG Promises*. Copenhague: Copenhagen Consensus Center, 2023.

_____. *O ambientalista cético*. Tradução de Ivo Korytowski e Ana Beatriz Rodrigues. Rio de Janeiro: Campus, 2002.

LOPES, Reinaldo José. "Estridência de negacionistas climáticos é sinal de que estamos vencendo, diz cientista sueco". *Folha de S. Paulo*, 25/5/2024.

MASON, Paul. *Pós-capitalismo: um guia para o nosso futuro*. Tradução de José Geraldo Couto. São Paulo: Companhia das Letras, 2017.

MAZZIONI, Sady; ASCARI, Camila; RODOLFO, Noele Martinuzo; MAGRO, Cristian Baú Dal. "Reflexos das práticas ESG e da adesão aos ODS na reputação corporativa e no valor de mercado". *Revista Gestão Organizacional*, vol. 16, nº 3, 2023.

MISHAN, Ezra J. *The Costs of Economic Growth*. Nova York: Frederick A. Praeger, 1967.

MIT/Royal Swedish Academy of Sciences. *Inadvertent Climate Modification: Report of the Study of Man's Impact on Climate (SMIC)*. Cambridge, MA: MIT Press, 1971.

MORE, Thomas. *Utopia*. Tradução de Anah de Melo Franco. Clássicos IPRI. Brasília: Funag/Editora da UnB, 2004.

MOYN, Samuel. *The Last Utopia: Human Rights in History*. Cambridge MA: Harvard University Press/Belknap Press, 2010.

MUELLER, Charles C. *Os economistas e as relações entre o sistema econômico e o meio ambiente*. Brasília: Editora da UnB, 2007.

NEF. *A Green New Deal: Joined-Up Policies to Solve the Triple Crunch of the Credit Crisis, Climate Change and High Oil Prices*. Londres: New Economics Foundation, 2008.

NORDHAUS, William. *The Spirit of Green: The Economics of Collisions and Contagions in a Crowded World*. Princeton: Princeton University Press, 2021.

_____. *The Climate Casino: Risk, Uncertainty, and Economics for a Warming World*. New Haven: Yale University Press, 2013.

NORTH, Douglass C. *Instituições, mudança institucional e desempenho econômico*. Tradução de Alexandre Morales. São Paulo: Três Estrelas, 2018.

NOWAK, Martin. "Five Rules for the Evolution of Cooperation". *Science*, vol. 314, 8/12/2006, pp. 1.560-3.

NATIONAL RESEARCH COUNCIL. *Sustainability for the Nation: Resource Connection and Governance Linkages*. Washington DC: National Academy of Sciences, 2013.

OECD. *Beyond Growth: Towards a New Economic Approach*. Paris: Organisation for Economic Co-operation and Development, 2020.

ORESKES, Naomi; CONWAY, Erik M. *The Collapse of Western Civilization: A View from the Future*. Nova York: Columbia University Press, 2014.

OSTROM, Elinor. "A Long Polycentric Journey". *Annual Review of Political Science*, vol. 13, 2010, pp. 1-23.

_____. "Polycentric Systems for Coping with Collective Action and Global Environmental Change". *Global Environmental Change*, vol. 20, nº 4, out. 2010, pp. 550-7.

_____. "Beyond Markets and States: Polycentric Governance of Complex Economic Systems". *American Economic Review*, vol. 100, nº 3, jun. 2010, pp. 641-72.

_____. "A Polycentric Approach for Coping with Climate Change". *World Bank Policy Research Working Paper*, nº 5095, 1/10/2009.

Our Common Future (Brundtland Report). Oxford: Oxford University Press/WCEP, 1987.

PEARCE, David William; MARKANDYA, Anil; BARBIER, Edward B. *Blueprint for a Green Economy*. Londres: Earthscan Publications, 3 vols., 1989-1993.

PRIGOGINE, Ilya. *Introduction to Thermodynamics of Irreversible Processes*. Springfield: Charles C. Thomas, 1955.

QUEIROS-CONDÉ, Diogo; CHALINE, Jean; BRISSAUD, Ivan. *L'Entropie créatrice: thermodynamique fractale et quantique de l'univers, de la vie et des sociétés*. Prefácio de Didier Sornette. Paris: Ellipses, 2023.

RAWORTH, Kate. *Economia Donut: uma alternativa ao crescimento a qualquer custo*. Tradução de George Schlesinger. Rio de Janeiro: Zahar, 2019.

ROBBINS, Lionel. *An Essay on the Nature and Significance of Economic Science*. Londres: Macmillan, 1932.

Routledge Handbook of Evolutionary Economics. DOPFER, Kurt; NELSON, Richard R.; POTTS, Jason; PYKA, Andreas (orgs.). Londres: Routledge, 2023.

SACHS, Ignacy. *A terceira margem: em busca do ecodesenvolvimento*. Tradução de Rosa Freire d'Aguiar. São Paulo: Companhia das Letras, 2009.

SACHS, Jeffrey D. (org.). *Ethics in Action for Sustainable Development*. Nova York: Columbia University Press, 2022.

SAMUELSON, Paul A. *Economics*. Nova York: McGraw-Hill, 1948.

SAVIN, Ivan; BERGH, Jeroen van den. "Reviewing Studies of Degrowth: Are Claims Matched by Data, Methods and Policy Analysis?", *Ecological Economics*, vol. 226, 2024.

_____. "No Solid Scientific Basis for Degrowth". *VoxEU CEPR*, 11/9/2024, <https://cepr.org/voxeu/columns/no-solid-scientific-basis-degrowth>.

SAWYER, R. Keith; HENRIKSEN, Danah. *Explaining Creativity: The Science of Human Innovation*, 3ª ed. Oxford: Oxford University Press, 2024.

SCHINCARIOL, Vitor Eduardo. *Environment and Ecology in the History of Economic Thought Reassessing the Legacy of the Classics*. Londres: Routledge, 2024.

SCHRÖDINGER, Erwin. *What is Life? The Physical Aspect of the Living Cell*. Cambridge: Cambridge University Press, 1944.

SIMONTON, Dean Keith. "The Blind-Variation and Selective-Retention Theory of Creativity: Recent Developments and Current Status of BVSR". *Creativity Research Journal*, vol. 35, nº 3, 2022, pp. 304-23.

SMITH, Adam. *An Inquiry into the Nature and Causes of the Wealth of Nations*. Londres: W. Strahan and T. Cadell, 1776.

_____. *The Theory of Moral Sentiments*. Londres: Andrew Millar, 1759.

SPASH, Clive L. "A Tale of Three Paradigms: Realising the Revolutionary Potential of Ecological Economics". *Ecological Economics*, vol. 169, 2020, pp. 1-14.

_____. "Social Ecological Economics". In: SPLASH, Clive L. (org.). *Routledge Handbook of Ecological Economics: Nature and Society*. Abingdon/Nova York: Routledge, 2017, pp. 3-16.

_____. "The Development of Environmental Thinking in Economics". *Environmental Values*, vol. 8, n° 4, 1999, pp. 413-35.

STERN, Nicholas; STIGLITZ, Joseph E. "Climate Change and Growth". *Industrial and Corporate Change*, vol. 32, n° 2, 2023, pp. 277-303.

STERNBERG, Robert J.; KARAMI, Sareh (orgs.). *Transformational Creativity: Learning for a Better Future*. Londres: Palgrave MacMillan, 2024.

STIGLITZ, Joseph E.; FITOUSSI, Jean-Paul; DURAND, Martine. *Measuring What Counts: The Global Movement for Well-Being*. Nova York: The New Press, 2019.

_____. *For Good Measure: Advancing Research on Well-Being Metrics Beyond GDP*. Paris: Organisation for Economic Co-operation and Development, 2019.

_____. *Beyond GDP: Measuring What Counts for Economic and Social Performance*. Paris: Organisation for Economic Co-operation and Development, 2018.

STIGLITZ, Joseph E.; SEN, Amartya; FITOUSSI, Jean-Paul. *Mis-Measuring Our Lives: Why GDP Doesn't Add Up*. Nova York: The New Press, 2010.

SUSSKIND, Daniel. *Growth: A History and a Reckoning*. Cambridge, MA: Belknap Press, 2024.

THALER, Richard H.; SUNSTEIN, Cass R. *Nudge: Improving Decisions about Health, Wealth, and Happiness*. New Haven: Yale University Press, 2008.

_____. "Libertarian Paternalism". *American Economic Review*, vol. 93, n° 2, maio 2003, pp. 175-9.

UNEP. *Navigating New Horizons: A Global Foresight Report on Planetary Health and Human Wellbeing*. Nairóbi: United Nations Environment Programme, 2024.

_____. *Global Green New Deal: Policy Brief March 2009*. Genebra: United Nations Environment Programme, 2009.

VICTOR, Peter A. *Herman Daly's Economics for a Full World: His Life and Ideas*. Londres: Routledge, 2022.

VOOSEN, Paul. "The Anthropocene is Dead. Long Live the Anthropocene". *Science*, 5/3/2024.

WARD, Barbara; DUBOS, René J. (orgs.). *Only One Earth: The Care and Maintenance of a Small Planet*. Nova York: W. W. Norton, 1972.

WORLD BANK. *Inclusive Green Growth: The Pathway to Sustainable Development*. Washington DC: The World Bank, 2012.

YOUNG, Kevin A. *Abolishing Fossil Fuels: Lessons from Movements That Won*. Oakland: PM Press/Spectre, 2024.

ZALASIEWICZ, Jan; THOMAS, Julia Adeney; WATERS, Colin N.; TURNER, Simon; HEAD, Martin J. "What Should the Anthropocene Mean?". *Nature*, vol. 632, 29/8/2024, pp. 980-4.

ZAMAGNI, Stefano. "The Current Resurgence of Interest in the Civil Economy Paradigm". In: SACHS, Jeffrey D. (org.). *Ethics in Action for Sustainable Development*, parte I, cap. 5. Nova York: Columbia University Press, 2022.

ZHONG, Raymond. "Are We in the 'Anthropocene', the Human Age? Nope, Scientists Say". *The New York Times*, 5/3/2024.

AGRADECIMENTOS

Principalmente a Andrei Cechin, com quem mais dialoguei sobre o pensamento econômico durante todas as etapas da longa gestação deste livro e a quem devo o essencial dos argumentos do terceiro capítulo. Observações críticas das mais valiosas — principalmente sobre muitas passagens dos dois primeiros — também me foram presenteadas por ele e por alguns outros generosos amigos: Ricardo Abramovay, Arilson Favareto, Yumi Kawamura Gonçalves e Ademar Romeiro. Agradeço também a atenção e competência com que Paulo Malta conduziu a edição deste livro. Ao registrar minha gratidão, ressalto que fraquezas e eventuais erros são todos de minha exclusiva responsabilidade.

SOBRE O AUTOR

José Eli da Veiga mantém o site <www.zeeli.pro.br>. Professor sênior do IEA-USP (Instituto de Estudos Avançados da Universidade de São Paulo) foi, por trinta anos (1983-2012), docente do Departamento de Economia da FEA-USP (Faculdade de Economia, Administração e Contabilidade da Universidade de São Paulo), onde se tornou professor titular em 1996.

Colunista do jornal *Valor Econômico* e da Rádio USP, lançou pela Editora 34: *A desgovernança mundial da sustentabilidade* (2013), *Para entender o desenvolvimento sustentável* (2015), *O Antropoceno e a Ciência do Sistema Terra* (2019) e *O Antropoceno e as Humanidades* (2023).

ÍNDICE REMISSIVO

21 lições para o século 21, 69
a-crescimento, 126
ABM (Agent-Based Models), 53
abolição da escravatura, 84, 87
Abolishing Fossil Fuels, 85
Academia Real de Ciências da Suécia, 180
aceleração, 9, 12, 13, 14, 15, 18, 22, 32, 41, 44, 90, 146, 153, 194, 195
acidificação, 12, 122, 188
adaptativos, 54, 115, 124
Affluent Society, The, 90
Agenda 2030, 21, 22, 35, 76, 77, 78, 80, 81, 82, 123, 124, 172, 173, 187
Agenda 2050, 22, 85, 136
Agenda 21, 167
agnósticos, 36, 123
agressão, 15
agrossilvopastoris, 93
água, 9, 12, 105, 122, 150, 195
AIDS, 161
AIE (Agência Internacional de Energia), 161
alta entropia, 93, 107, 109
altruísmo, 69, 158, 163, 189
âmago, 51, 76, 181
ambientalismo autoritário, 71
ambientalista cético, O, 79

ambiente, 11, 15, 20, 28, 43, 48, 49, 52, 89, 94, 95, 103, 107, 108, 114, 116, 118, 119, 120, 128, 131, 132, 141, 143, 163, 165, 166, 167, 186, 187
ameaças, 14, 20, 70, 74, 90, 135, 154, 158, 159, 162, 164, 189
amebas, 95, 99
American Economic Association, 42, 47, 58
American Economic Review, 47, 58, 108
American Political Science Association (APSA), 157, 158
amnésia, 181
Analytical Economics, 46, 94, 108
Anistia Internacional, 185
Ano Internacional da Mulher, 185
Anthropocene Review, The, 14
Anthropocene Science, 14
Antiguidade, 66
aprendizado, 54, 80, 169
aquecimento, 13, 14, 29, 33, 34, 60, 75, 82, 83, 85, 115, 122, 135, 138, 140, 182, 188, 195
Aristóteles, 45
armas nucleares, 15, 70, 162, 188
arquitetura institucional, 165
Ashoka, 45
Asimov, Isaac, 117

Assembleia Geral das Nações Unidas (ONU), 19, 21, 78, 80, 123, 128, 167, 172, 178
assistência mútua, 38, 41
Associação Americana para o Avanço da Ciência, 154
ateus, 36
atmosfera, 12, 13, 16, 74, 92, 115, 136, 153
ato altruísta, 158
auto-organização, 54, 55
autodisciplina, 144
autoritário, 60, 71
autoritarismo verde, 71
AWG (Anthropocene Working Group), 15, 16
Axelrod, Robert, 157
axiomas, 56
Ayres, Edward H., 31
Ayres, Robert U., 31, 32
[B]³, 76, 77
Bacon, Francis, 183
baixa entropia, 93, 106, 107, 109, 118
Banco Mundial, 25, 27, 82, 130, 131
Bartolomeu I, 36
Basileia, 164
Beginning of Infinity, The, 176
Beijer Institute of Ecological Economics, 129, 180
Bell, Daniel, 65
bem comum, 36, 155
bens de status, 142
bens públicos, 30, 156
Benson, Melinda Harm, 177, 178
Bentham, Jeremy, 38
Bergh, Jeroen van den, 133
Bertalanffy, Ludwig von, 43
Best Things First, 79
Beyond GDP, 144

Beyond Growth (1996), 49, 97
Beyond Growth (2020), 27, 134
"Beyond Markets and States", 169
Biermann, Frank, 165
biocapacidade, 149
biodiversidade, 12, 13, 35, 68, 74, 75, 122, 130, 132, 140, 151, 153, 161, 164, 167, 182, 188, 195, 197
bioeconomia, 25
biologia matemática, 157, 160
biosfera, 12, 15, 16, 18, 19, 28, 47, 74, 82, 89, 123, 141, 144, 153, 154, 164, 175, 181, 191
biotecnologias, 69
Blanc, Louis, 66
blefe, 159
Bloch, Ernst, 183
Blueprint for a Green Economy, 26, 128
Boldizzoni, Francesco, 66, 67
Bolsonaro, Jair, 78
Bostrom, Nick, 68
Boulding, Kenneth E., 42, 43, 44, 51, 91, 92, 96, 158, 159, 160
Bretton Woods, 161, 166, 167
Brissaud, Ivan, 119
Brown, Lester, 178
Building a Sustainable Society, 178
Building Tomorrow, 79
BVSR (*blind-variation and selective-retention*), 73, 74
capacidade de suporte, 154
capacitações, 52, 173
capital humano, 33
capital natural, 49, 97, 136, 137
capitalismo, 63, 65, 66, 67, 68, 127
capitalismo de consumo, 127

carbono, 12, 15, 29, 30, 32, 77, 84, 85, 86, 92, 135, 136, 138, 151, 169, 192
Carson, Rachel, 19
Carta das Nações Unidas, 172
Carter, Jimmy, 185
casamentos unigênero, 59
catástrofes, 13, 119, 139, 176, 182
CBD (Convention on Biological Diversity), 161, 164
Cechin, Andrei, 23, 89
cenário, 75, 76
CFCs (clorofluorcarbonetos), 167
Chaline, Jean, 119
Chen, Jing, 119
China, 20, 69, 70
chuva ácida, 114, 115
ciborgues, 74
ciclos, 12, 163, 170
Ciência do Sistema Terra, 17
ciências, 14, 55, 56, 65, 88, 99, 115
Cites (Convention on International Trade in Endangered Species of Wild Fauna and Flora), 164
civilização, 63, 68, 69, 70
civilização ecológica, 71
civilizações, 17, 68, 171
Climate Casino, The, 29
"Climate Change and Growth", 33
clivagem Norte/Sul, 166
CLRTAP (Convention on Long-Range Transboundary Air Pollution), 164
Clube de Roma, 19, 22, 26, 127
clusters, 56, 178
coerção, 60, 155
cognitivo, 68, 172

Collapse of Western Civilization, The, 70
comando e controle, 139, 192
combustão, 9, 12
combustível fóssil, 115
Comissão Estratigráfica Internacional (ICS), 12, 15
Comissão Europeia, 145
Comissão Nacional dos ODS (CNODS), 78
common-pool resources (CPRs), 156
competição, 41
complexidade, 52, 53, 54, 55, 56, 123, 124, 177
complexo Terra, 16, 163, 171, 176
complicado, 54
compromisso, 35, 146, 167, 169, 193, 194
computação, 56
concepção evolucionária, 51, 52
concepções do mundo, 176, 177
condição estável, 26, 96, 98, 111, 126
Conferência de Estocolmo (Conferência Mundial das Nações Unidas sobre o Meio Ambiente Humano), 19, 20, 21, 86, 166, 167, 186
confiança, 37, 131, 158, 169, 176
conhecimento, 18, 43, 48, 49, 52, 53, 56, 63, 67, 72, 112, 113, 125, 130, 159, 180, 181
consciência social, 18
Conselho de Segurança da ONU, 161
conservadorismo, 17
construtivismo, 159
consumismo, 26, 142
contabilidade, 26, 137, 149, 152

Índice remissivo 211

contestação, 116, 159, 161
continuidade, 44, 63, 64, 72, 146, 157
contra-ameaça, 159
contradição, 63, 65, 104, 126
contraintuitivas, 54
controvérsia, 11, 33, 73, 127, 173, 174
Convenção da Biodiversidade, 197
Convenção do Clima, 84, 86, 196
Convenção-Quadro das Nações Unidas sobre Mudança do Clima (UNFCCC), 83, 164
Convenção-Quadro da OMS para o Controle do Tabaco (FCTC), 83
Convenção sobre os Direitos das Pessoas com Deficiência (UNCRPD), 162
convite, 159
Conway, Erik M., 70
cooperação, 21, 38, 41, 60, 157, 158, 160, 162, 163, 165, 170, 181
COP (Conference of the Parties), 85
Copenhagen Consensus Center, 79
Costs of Economic Growth, The, 90
Craig, Robin K., 177, 178
"Creationist Foundations of Herman Daly's Steady State Economy, The", 98
Creativity Research Journal, 74
credo liberal, 41
credo liberal-individualista, 39
crescer decrescendo, 173, 174, 196
crescimento amigo do clima, 25
crescimento de base ampla, 25
crescimento inclusivo, 25
crescimento inteligente, 25
crescimento limpo, 25
crescimento partilhado, 25
crescimento populacional, 13, 155
crescimento resiliente, 25
crescimento verde, 25, 27, 76, 126, 130, 131, 132, 133, 134, 135, 136, 139, 140
criatividade, 63, 71, 72, 73, 74, 179
criatividade coletiva, 71
criatividade sociocultural, 72
crise, 11, 13, 18, 52, 68, 78, 79, 132, 138, 139, 143, 168, 179
Crutzen, Paul, 11, 15, 165
Cruzando a fronteira da energia, 31
CSIRO (Commonwealth Scientific and Industrial Research Organization), 180
Cúpula da Terra, 165, 167
Daly, Herman E., 48, 49, 50, 96, 97, 98, 99, 129
dança da complexidade, 124
Darker Angels of Our Nature, The, 69
Darwin, Charles, 73, 98. 155
Darwin's Conjecture, 65
darwinismo, 64
Dasgupta, Partha, 33, 129
Dasgupta Review, The, 130
Davos, 41, 123
Declaração de Amsterdã, 164
Declaração de Nova Delhi, 188
Declaração de Viena sobre os Direitos Humanos, 172, 186
Declaração do Milênio, 21, 80, 82, 186
Declaração do Rio, 167

Declaração sobre o Direito ao
   Desenvolvimento, 172
Declaração Universal dos Direitos
   Humanos, 122, 185
decrescer crescendo, 126, 173,
   174, 196
decrescimento, 22, 26, 33, 76, 94,
   96, 125, 126, 132, 133, 140,
   142, 172, 173, 194
delay, 124
democracia, 20, 38, 70
densidade, 155
dependência da trajetória, 84,
   138
depleção, 70, 115, 122
desaceleração, 195
desacoplar, 128, 191, 192
desafio, 159
desajuste cultural, 142
desastre, 69, 137, 180, 181
descarbonização, 34, 68, 77, 85,
   86, 193
descontinuidade, 64
desemprego, 138, 139
desenvolvimento local, 82
desenvolvimento sustentável (DS),
   21, 22, 25, 27, 28, 35, 36, 81,
   83, 97, 126, 128, 148, 149,
   150, 170, 171, 172, 175, 178,
   181, 186, 187, 188
desigualdades, 14, 69, 70, 75,
   123, 134, 140, 147, 196
desigualdades sociais, 39, 195
deslocamentos, 13
desnutrição, 45
desordem, 54, 116, 117
detritos, 14
Deutsch, David, 176, 177, 178
diagrama do fluxo circular, 119
dialética, 63, 64, 65
Diamond, Jared, 70

dilema, 23, 111, 146, 195, 196
dimensão psicossocial, 188
direitos humanos, 39, 83, 122,
   154, 171, 172, 185, 186, 187,
   188
dissuasão, 159
dividendos, 67
divisão do trabalho, 159
donut, 121, 123
Dorling, Danny, 13
drible, 159
Drucker, Peter, 65
Durand, Martine, 145
Dwyer, Philip, 69
Earth Day, 20
ecodesenvolvimento, 21, 88, 186
ecodinâmica, 158
Ecological Economics, 30, 129,
   133
economia ambiental, 26, 128, 130
economia ambiental neoclássica,
   49
economia circular, 25, 94, 113,
   120
economia civil, 37, 38, 39, 40, 41
economia comportamental, 56,
   57, 61
economia convencional, 29, 120,
   121
economia da complexidade, 56
economia da rosquinha, 25, 124
economia da sobrevivência, 49
economia do bem-estar, 25
economia do século XXI, A, 50
Economia Donut, 121
economia ecológica, 26, 30, 31,
   49, 51, 56, 96, 97, 98, 99, 100,
   129
Economia ecológica, 50, 96
Economia Política Evolucionária
   (EPE), 52

economia positiva, 45
economia regenerativa, 25, 122
economia verde, 25, 28, 30, 35, 125, 126, 128, 129, 130
Economic Analysis, 42
Economics, 46
"Economics of Production, The", 108
"Economics of the Coming Spaceship Earth, The", 44
economistas e as relações entre o sistema econômico e o meio ambiente, Os, 48
Ecosoc (United Nations Economic and Social Council), 27, 130, 167
ecossistemas, 11, 13, 28, 74, 76, 126, 137, 169, 171, 180, 195, 196
educação, 33, 36, 43, 122, 123, 137, 143, 147, 150, 175
educação ambiental, 143, 173
eficiência, 32, 105, 106, 110, 111, 121, 131, 166, 181
eficiência energética, 103
Ehrlich, Paul R., 176, 179
Elias, Norbert, 183
embedded, 123
emergência, 54, 55
emissões individuais, 169
empatia, 69
emprego, 38, 133
empresas, 32, 52, 76, 77, 78, 89, 138, 156, 169, 180, 181
"End of Sustainability, The", 177
endossomáticos, 107
energia, 31, 32, 83, 84, 86, 89, 91, 92, 93, 94, 95, 100, 101, 102, 103, 104, 105, 106, 107, 110, 111, 113, 117, 118, 119, 120, 122, 123, 125, 132, 138, 143, 161, 162, 173, 191, 193, 194, 197
energia eólica, 32, 132
energia nuclear, 132
energia solar, 93, 95, 105, 106, 110, 132, 193, 194
engenharia florestal, 28
engenhosidade, 69
Enterrem as correntes, 85
entropia, 26, 43, 89, 91, 92, 93, 95, 100, 101, 102, 103, 104, 105, 106, 107, 108, 109, 113, 115, 116, 117, 118, 119, 121
Entropia, 172
entropia criativa, 117
"Entropia não é desordem", 116
entropia negativa, 104
Entropie créatrice, L', 119
Entropy Economics, 119
Entropy Law and the Economic Process, The, 100, 108
Environment and Ecology in the History of Economic Thought, 100
Environmental Action for Survival Committee, 19
Environmental Innovation and Societal Transitions, 31
Environmental Quality in a Growing Economy, 44
enxofre, 29
epistemologia evolucionária, 42
Época, 11, 12, 14, 16, 17, 18, 22, 44, 96, 128, 171
Era, 11
erosão da biodiversidade, 12, 122, 151, 188
escassez, 12, 14, 106
ESG (Environmental, Social and Governance), 41, 76, 77
Espaçonave Terra, 44

espécies, 30, 94, 95, 107, 164
esperança, 39, 51, 84, 171, 174, 181, 195
Essay on the Nature and Significance of Economic Science, An, 45
ESSP (Earth System Science Partnership), 164, 171
estase, 69
estatista, 39
estilos de crescimento, 174
estilos de vida, 136
estoque, 30, 111, 113, 114, 124, 131, 136, 137, 147, 150, 159
Estratégia de Crescimento Verde, 131, 139, 140
estratigráfica, 12, 15
Ethics in Action for Sustainable Development, 35
ética, 35, 45, 46, 84, 86, 164, 194
evolução, 14, 22, 23, 26, 43, 47, 53, 54, 64, 65, 89, 103, 104, 107, 154, 158, 165, 171, 188
evolução institucional, 16, 59
Evolution of Cooperation, The, 157
exossomáticos, 107, 113, 115
expansão comercial, 136
Explaining Creativity, 73
externalidades, 140
falhas de mercado, 29, 138
FAO (United Nations Food and Agriculture Organization), 166
Farley, Joshua, 50, 96
fator tempo, 108
fatores de produção, 108, 109, 110, 112, 131
feedback loops, 124
Ferguson, Niall, 68
fertilidade, 33

Figueirôa, Silvia, 18
Fileti, Eudes, 116
filosofia moral, 40
fim da história, 66
Financial Times, 77, 78
Fitoussi, Jean-Paul, 145, 146
"Five Rules for the Evolution of Cooperation", 160
Flanagan, Owen, 35
flecha do tempo, 102
fluxo, 75, 76, 104, 109, 110, 111, 112, 113, 114, 115, 119, 120, 124, 133, 136, 137, 141, 147
fluxos de materiais-energia, 31
FMI (Fundo Monetário Internacional), 25
Folha de S. Paulo, 17
For Good Measure, 145
ford-taylorismo, 38
Foretelling the End of Capitalism, 66
Fórum Econômico Mundial (WEF), 41, 123
Foster, John Bellamy, 65
fotossíntese, 105, 106
foundational well-being, 149
Founex Report, 21, 48
Francisco, Papa, 36
Franco, Marco P. Vianna, 99
fraternidade, 39
Freud, Sigmund, 155
Friedman, Thomas L., 132
fuga, 159
função de produção, 108, 109
funcionamento planetário, 18
Future Earth, 171
Galbraith, James K., 119
Galbraith, John Kenneth, 90
gases de efeito estufa, 84, 115, 134, 135, 136
Gates, Bill, 78

GAVI (Global Vaccine Alliance), 161
generosos ideais civilizadores, 170
Genovesi, Antonio, 37, 38, 39, 40, 41
geoengenharia solar, 14
"Geology of Mankind", 11
geometria fractal, 118
Georgescu-Roegen, Nicholas (NGR), 45, 46, 47, 93, 94, 95, 96, 98, 99, 100, 108, 111, 113, 114, 115, 116, 120, 129, 193
geosfera, 15, 16, 164
gerações futuras, 22, 29, 30, 114, 116, 137, 182, 186, 187
Give Earth a Chance, 19
Global Green Growth Institute (GGGI), 27, 130, 131
Global Green New Deal, 27
Global Green New Deal, 132
Google, 63
Gorz, André, 183
governança global, 19, 75, 160, 170, 171, 181, 187
governos, 20, 32, 85, 128, 180
Gowdy, John, 98
gradiente, 105
Graedel, Thomas, 178
Grande Aceleração, 9, 12, 14, 15, 18, 22, 32, 41, 44, 146, 194, 195
Green Economics Institute, 129
Green Economy, The, 129
Green New Deal, 30, 126, 133
Green New Deal, A, 132
Greenpeace, 18, 28
gridlock, 162, 167
Growth: A History and a Reckoning, 33, 146
Growthmania, 90
Guerra do Vietnã, 19, 185

Guerra Fria, 160, 186
habitat, 136, 150
Haq, Mahbub ul, 21, 173
Harari, Yuval Noah, 69
Hardin, Garrett, 60, 153, 154, 155, 156, 160, 179
Hawking, Stephen, 55
Hayek, Friedrich A. Von, 51
Held, David, 161, 162, 163
Henriksen, Danah, 73
Herman Daly's Economics for a Full World, 50
Herrera, Felipe, 48
hierarquia, 66, 67, 158, 162
história do pensamento econômico, 36, 40, 41, 46
história pública, 17
historicismo filosófico, 69
History of Ecological Economic Thought, A, 99
Hochschild, Adam, 85
Hodgson, Geoffrey, 65
Holocausto, 185
Holoceno, 11, 12, 15, 16, 17, 44, 50, 67
Homo economicus, 38
Homo sapiens, 11
Humanidades, 17, 71, 88, 157, 165, 181
humanos, 9, 15, 18, 29, 46, 71, 74, 75, 99, 107, 115, 156, 159, 177, 186
IATTC (Inter-American Tropical Tuna Commission), 162
IBGE (Instituto Brasileiro de Geografia e Estatística), 48, 77
Idade de Ouro, 25, 66, 163, 167
ideal, 126, 153, 170, 171, 172, 173, 186
IDH (Índice de Desenvolvimento Humano), 21

IDH ajustado à desigualdade, 191
IEA-USP (Instituto de Estudos Avançados da Universidade de São Paulo), 18, 55, 97
IGBP (International Geosphere-Biosphere Programme), 15
Iglesias, Enrique, 48
Iluminismo, 99, 174
Iluminismo napolitano-milanês, 37
impasse, 138, 162, 166, 170
incentivos, 26, 57, 71, 142, 192
Inclusive Green Growth, 131
individualismo, 66, 67
Industrial and Corporate Change, 33
industrialização, 26, 127
inércia, 41, 84, 124, 126, 138, 139, 141, 144, 161, 167, 188, 196
informação, 43, 67, 72, 118, 143
inovação, 33, 34, 72, 74, 118, 131, 137, 138, 139, 142, 186
inovações de nicho, 141
inputs, 115
Insead (Institut Européen d'Administration des Affaires), 31
insight, 97, 123, 160
institucionalismo, 159
instituições, 33, 67, 88, 137, 141, 143, 147, 151, 168, 187, 194
Instituições, mudança institucional e desempenho econômico, 84
intangível, 67, 118
integração, 158
inteligência, 69
inteligência artificial (IA), 13, 34, 69, 72, 189
intensidades-carbono, 151

International Journal of Green Economics, 129
International Law Association, 188
International Society of Ecological Economics (ISEE), 97, 98, 129
Introduction to Thermodynamics of Irreversible Processes, 104
IPEA (Instituto de Pesquisa Econômica Aplicada), 78
Irena (International Renewable Energy Agency), 161
Isaías, Profeta, 98
Itamaraty, 78
IUCN (International Union for Conservation of Nature), 18, 178
IUGS (International Union of Geological Sciences), 15, 16, 17
Jackson, Tim, 173, 174
Jacobs, Michael, 129
Journal of Benefit-Cost Analysis, 79
Journal of Evolutionary Economics, 54
Journal of Industrial Ecology, 31
Journal of Political Economy, 49
justiça, 36, 122, 123, 170, 182
Kahneman, Daniel, 83
Kapp, William, 48
Karami, Sareh, 73
Kautilya, 45
Kelley, D. B., 64
Keohane, Robert O., 161, 163
Keynes, John Maynard, 65, 90, 100
King, Alexander, 19
Kissinger, Henry, 21
KPMG ESG Yearbook Brasil 2023, 77, 80

Krall, Lisi, 98
Lago Crawford, 16
Last Utopia, The, 185, 186
LDCs (Least Developed Countries), 174
Le Flufy, Paddy, 79, 80, 82, 83
Leff, Enrique, 182
leilão, 142
liberdade, 57, 59, 154, 155, 173, 182
"Libertarian Paternalism", 58
libertários, 58
Lições de Economia Civil, 37
limiar, 122, 153, 182
Limits to Growth, The (*LtG*), 26, 128
litosfera, 16
lixo, 13, 90, 113, 115
locomoção, 102, 103
log-periódico, 119
lógicas, 63
Lomborg, Bjorn, 79, 80, 81, 82, 83
"Long Polycentric Journey, A", 169
Lopes, Reinaldo José, 17
lucro, 67, 86, 138
Lula da Silva, Luiz Inácio, 78
Luzes escocesas, 37
macromutações, 67
management, 164, 165
máquina, 9, 38, 67, 106, 111, 113
mar, 13, 70, 164
Marx, Karl, 65, 66
marxismo, 58
Mason, Paul, 67
matriz fóssil, 77
matrizes energéticas, 32
Measuring What Counts, 145
mecânica estatística, 103

meio ambiente humano, 19, 20, 48, 186
mente, 35, 65, 98
mercados financeiros, 30
mercúrio, 20, 114
metabolismo, 107, 114, 115, 116
metabolismo industrial, 31
metafísica, 99
metano, 9, 15
Micale, Mark S., 69
microeconomia, 46, 52
Mill, John Stuart, 65, 96
Minamata, 20
minerais, 13, 106, 110, 113, 150
Mis-Measuring Our Lives, 146
Mishan, Ezra J., 90
Missemer, Antoine, 99
modelo fundo-fluxo, 109
modelo mecânico, 94, 120
modernização, 26, 127
Modificação da Radiação Solar (SRM), 14
More, Thomas, 183, 184
Morin, Edgar, 70
morte térmica, 104, 117
moto-perpétuo, 111
movimento ESG-ODS, 77
Moyn, Samuel, 184, 185, 186
Mueller, Charles C., 48, 49
Mulligan, Casey, 57, 58
NAEC (New Approaches to Economic Challenges), 27
National Research Council, 178
Nature, 11, 18
natureza, 15, 18, 21, 93, 94, 102, 105, 107, 110, 111, 113, 133, 137, 144, 155, 163, 182, 188
natureza como limite da economia, A, 89
natureza humana, 64
Navigating New Horizons, 9, 13

neguentrópico, 118
Nelson, Richard R., 52
neoclássica, 29, 49, 51, 97, 131
nepotismo, 157
Net Zero, 85
New Deal Verde (GND), 132
New Economics Foundation (NEF), 132
New York Times, The, 16, 132
Nietzsche, Friedrich, 155
nitrogênio, 12, 122
Nordhaus, William D., 29, 30, 31, 32
Norte Global, 19
North, Douglass C., 84
Nova Atlântida, A, 183
novo valor, 22, 128, 178, 181
Nowak, Martin, 160
nudge, 57
Nudge, 57, 59
Obama, Barack, 59
OCDE (Organização para a Cooperação e Desenvolvimento Econômico), 19, 26, 27, 127, 130, 131, 134, 135, 144, 145
oceanos, 12, 28, 74, 92, 122, 136, 153, 182, 188, 195
ODM (Objetivos de Desenvolvimento do Milênio), 21, 80, 81, 178, 186
ODS (Objetivos de Desenvolvimento Sustentável), 21, 76, 77, 78, 79, 80, 81, 173, 178, 187
ODS-8, 173
off-line, 72
OMC (Organização Mundial do Comércio), 161
OMM (Organização Mundial de Meteorologia), 166
OMS (Organização Mundial da Saúde), 83, 161
"On Economics as a Life Science", 49
on-line, 72
Only One Earth, 48
ONU (Organização das Nações Unidas), 18, 19, 21, 25, 36, 48, 80, 81, 123, 128, 144, 145, 154, 161, 166, 173, 174, 178
oportunidades, 14, 38, 135, 138, 147, 151, 175, 179, 186, 187
ordem, 38, 39, 43, 54, 65, 80, 91, 160, 161
Oreskes, Naomi, 70
organizadores sociais, 158, 159
ortodoxia, 51
Ostrom, Elinor, 60, 61, 156, 157, 158, 160, 168, 169
Ostrom, Vincent, 156, 168, 169
Our Common Future (Brundtland Report), 128, 153, 186
otimismo, 12, 13, 68, 86
outputs, 115
overshoot, 75
ovo de Colombo, 126
Oxfam (Comitê de Oxford para o Alívio da Fome), 123
oximoro, 58
ozônio, 11, 13, 30, 84, 122, 150, 162, 164, 167
pacto verde europeu, 197
padrões de vida, 35, 70
Pádua, José Augusto, 18
Painel Intergovernamental sobre Mudança Climática (IPCC), 86
panaceia, 193
panglossianos, 33
paternalismo libertário, 57, 58
paz, 36, 42, 78, 122, 123, 172, 185

Pearce, David W., 128, 129
Pearson, Karl, 47
perdão, 158
Período, 11
pessimismo, 74, 176, 195
PIB (Produto Interno Bruto), 9, 35, 76, 123, 131, 133, 144, 145, 148, 150, 152, 192, 196
Pinker, Steve, 68, 69
plantas, 105
plásticos, 12
Platão, 183
plutônio, 16
Pnud (Programa das Nações Unidas para o Desenvolvimento), 21, 123, 173, 175
Pnuma (Programa das Nações Unidas para o Meio Ambiente), 13, 18, 19, 130, 132, 164, 167
poços de petróleo, 32
poder-interesse-legitimação, 160
Polanyi, Karl, 38
"Polycentric Approach for Coping with Climate Change, A", 169
"Polycentric Systems for Coping with Collective Action and Global Environmental Change", 169
policêntrica, 168, 169
policrise, 13
política, 12, 35
poluição, 13, 29, 69, 110, 115, 116, 120, 122, 142, 164, 195
população ótima, 121
"Population, Resources and Environment", 176
Pós-capitalismo: um guia para o nosso futuro, 67
pós-crescimento, 26, 126, 133, 145

postulados, 56
Potsdam Institute for Climate Impact Research, 17
precaução, 181, 186
precificação, 26, 29
preferências, 29, 141, 142, 143
pressões, 12, 13, 72, 124
Prigogine, Ilya, 104
Primeiro Mundo, 19
Problems of Life, 43
"Process in Farming versus Process in Manufacturing: A Problem of Balanced Development", 108
processo civilizador, 18, 42, 64, 68, 71, 90, 91
programa bioeconômico mínimo, 95
progresso, 69
projetos heterodoxos, 51
propensão, 38, 46, 57, 69, 117
prosperidade sem crescimento, 26, 33, 76, 126, 174
Prosperidade sem crescimento, 173
Protocolo de Cartagena, 161
Protocolo de Montreal, 162, 167
PSI (Proliferation Security Initiative), 161
psicologia, 35, 71
quadratura do círculo, 170
qualidade de vida, 45, 74, 116, 125, 147, 148, 149, 150, 151, 195
Quarta Revolução Industrial, 39, 40
Queiros-Condé, Diogo, 119
quotas de extração, 142
radioatividade, 15
Randers, Jorgen, 22
Rápido e devagar, 83

Raworth, Kate, 121, 123, 124
razão, 68
Real-World Economics Review, 98
realismo, 159
recursos naturais, 14, 70, 89, 93, 106, 109, 112, 113, 114, 115, 120, 125, 131, 142, 156, 166, 191
Rees, Martin, 68
regressão, 69
relação mercado/empresas, 156
religião, 35
religiosidade, 50, 98
"Replacing Sustainability", 177
reprodução, 107, 111, 113, 114
reputação, 158
resíduos, 89, 106, 109, 110, 111, 113, 115, 120, 125, 164
Resilience Alliance, 179, 180
resiliência, 66, 126, 135, 177, 178, 179, 180, 181, 196
Resources for the Future, 44
revolução digital, 52
RGO (Revista Gestão Organizacional), 76
Ricoeur, Paul, 183
Rifkin, Jeremy, 65, 69
Rio-92, 21, 25, 128, 164, 186
Rio+20, 27, 130, 168
Riqueza da Nações, A, 37, 40
Robbins, Lionel, 45
robotização, 34
Rockström, Johan, 17, 18
Romeiro, Ademar, 97
rotinas, 52, 84
Rousseff, Dilma, 78
Routledge Handbook of Evolutionary Economics, 51
Royal Geographical Society, 80
Sachs, Ignacy, 21, 48, 88

Sachs, Jeffrey D., 33, 35
Saes, Beatriz, 97
"Salvando o planeta", 60
Samuelson, Paul, 46, 47, 119
Santa Fe Institute, 55
saúde, 13, 35, 69, 83, 122, 123, 131, 140, 147, 150, 162, 175, 186
saúde pública, 57, 90
Savin, Ivan, 133
Sawyer, R. Keith, 73
Schincariol, Vitor Eduardo, 100
Schrödinger, Erwin, 104
Schumpeter, Joseph A., 46, 51, 65
Science, 17, 60, 154, 160
segunda lei da termodinâmica, 26, 43, 93, 102, 104
segundo humanismo, 39
Segundo Mundo, 166
segurança, 86, 161, 166
Sen, Amartya, 145, 146, 173
sério aviso, 50
serviços de energia, 32
Shoah, 185
significado do século XX, O, 44, 91
Silent Spring, 19
Simonton, Dean Keith, 74
sistema feudal, 66
Sistema Terra, 17, 121, 163, 164, 165, 171
Slowdown, 13
Smil, Vaclav, 70
Smith, Adam, 37, 38, 40, 41, 45
sobrepastoreio, 154
Soddy, Frederick, 43
sol, 74, 89
solidariedade, 39, 67, 172
solucionadores, 177
Solutions, 177
Sornette, Didier, 119

Spash, Clive, 99
Spirit of Green, The, 29
SRC (Stockholm Resilience Centre), 180
stakeholders, 41
startups, 138
status quo, 161, 183
steady state, 96, 98
Steady-State Economics, 49
Stephen, James, 87
Stern, Nicholas, 33, 35
Sternberg, Robert J., 73
stewardship, 164
Stiglitz, Joseph E., 33, 35, 145, 146
Stoermer, Eugene, 165
Streeck, Wolfgang, 65
Strong, Maurice, 20, 21
Study of Man's Impact on Climate, 86
Subcomissão do Quaternário (SQS), 15, 16
submissão, 159
Sul Global, 20, 76, 80
Sunstein, Cass R., 58, 59, 60
superpopulação, 154, 176
Susskind, Daniel, 33, 146
Sustainability for the Nation, 178
tabagismo, 83, 84
tangível, 67
tecnologia, 32, 67, 72, 112, 125, 133, 138, 140, 192
tecnologias organizacionais, 80
tecnologias verdes, 138, 139
tectônica das placas, 14
Temer, Michel, 78
temperatura, 9, 13, 74, 75, 101, 103, 105, 117, 150
tempo de trabalho, 95, 142
tensão, 63, 65
teoria da complexidade, 56

teoria darwiniana, 64, 98
teoria do equilíbrio geral, 46
teoria dos jogos, 79, 157, 159, 160, 163
Teoria dos Sentimentos Morais, 40
terceira margem, A, 88
Terceiro Mundo, 20, 166
terceiro setor, 78, 160, 180
Terra, 11, 12, 15, 16, 17, 44, 64, 74, 99, 104, 105, 114, 115, 121, 163, 164, 165, 167, 168, 171, 176
Thaler, Richard H., 57, 58, 59, 60
Tinbergen, Jan, 48
tipos de criatividade, 72
toma-lá-dá-cá (*tit-for-tat*), 157, 158
Torre de Babel, 56
totalitário, 60
Towards a New Economics, 44
trabalho, 31, 36, 38, 43, 95, 101, 104, 109, 110, 111, 112, 117, 120, 122, 123, 131, 142, 159
tradicionalistas, 143
tradições, 45, 138, 142
tragédia dos comuns, 60, 153, 155
"Tragedy of the Commons, The", 60, 154
trágica ironia, 168
transcendência, 64
transdisciplinar, 16, 42
transformação, 38, 100, 101, 108, 109, 110, 112, 113, 125, 137, 179, 181
Transformational Creativity, 73
trinca religiosa, 98
Trinta Anos Gloriosos, 25, 44, 167
trocas, 38, 158, 159
Tsuru, Shigeto, 48

tuberculose, 81
UFABC (Universidade Federal do ABC), 100
UFRJ (Universidade Federal do Rio de Janeiro), 18
Unaids (Programa Conjunto das Nações Unidas sobre HIV/AIDS), 161
UnB (Universidade de Brasília), 23, 44, 48, 49, 89
Unclos (United Nations Convention on the Law of the Sea), 161, 164
Unctad (United Nations Conference on Trade and Development), 161
UNEP (United Nations Environment Programme), 9, 13, 18, 132, 178
Unesco (Organização das Nações Unidas para a Educação, a Ciência e a Cultura), 19, 88
utilitarismo, 38
utopia, 22, 28, 83, 128, 171, 178, 183, 184, 185, 186, 187, 188
Utopia, 183
Utopia/Dystopia, 184
Valuing the Earth, 49
Veblen, Thorstein B., 51
Verve Científica, 116
Victor, Peter A., 50, 96
vida, 64, 89, 104, 113, 114

visão convencional, 120
Voosen, Paul, 17
vulnerabilidade, 47
Walker, Brian, 179, 180, 181
"Warning from the Garden, A", 132
WCEP (United Nations World Commission on Environment and Development), 128, 153
Weber, Max, 65
Welfare State, 154
Wells, H. G., 183
What is Life?, 104
Wikipedia, 116, 117
Williamson, Oliver, 156
win-stay, lose-shift, 158
Winter, Sidney G., 52
WIPO (World Intellectual Property Organization), 161
WISE (Wellbeing, Inclusion, Sustainability & the Economy), 144, 145
Wolf, Martin, 78
World Conservation Strategy, 178
Worldwatch, 31
Worldwatch Institute, 31
WWF (World Wildlife Fund), 18, 178
Young, Kevin A., 85
YouTube, 18, 97, 116
Zamagni, Stefano, 36, 38, 39, 40
Zizek, Slavoj, 65

Este livro foi composto em Sabon, pela Franciosi & Malta, com CTP e impressão da Edições Loyola em papel Pólen Natural 80 g/m² da Cia. Suzano de Papel e Celulose para a Editora 34, em fevereiro de 2025.